Klasse 3

Hans-J. Schmidt

Wochenplan Mathe 3

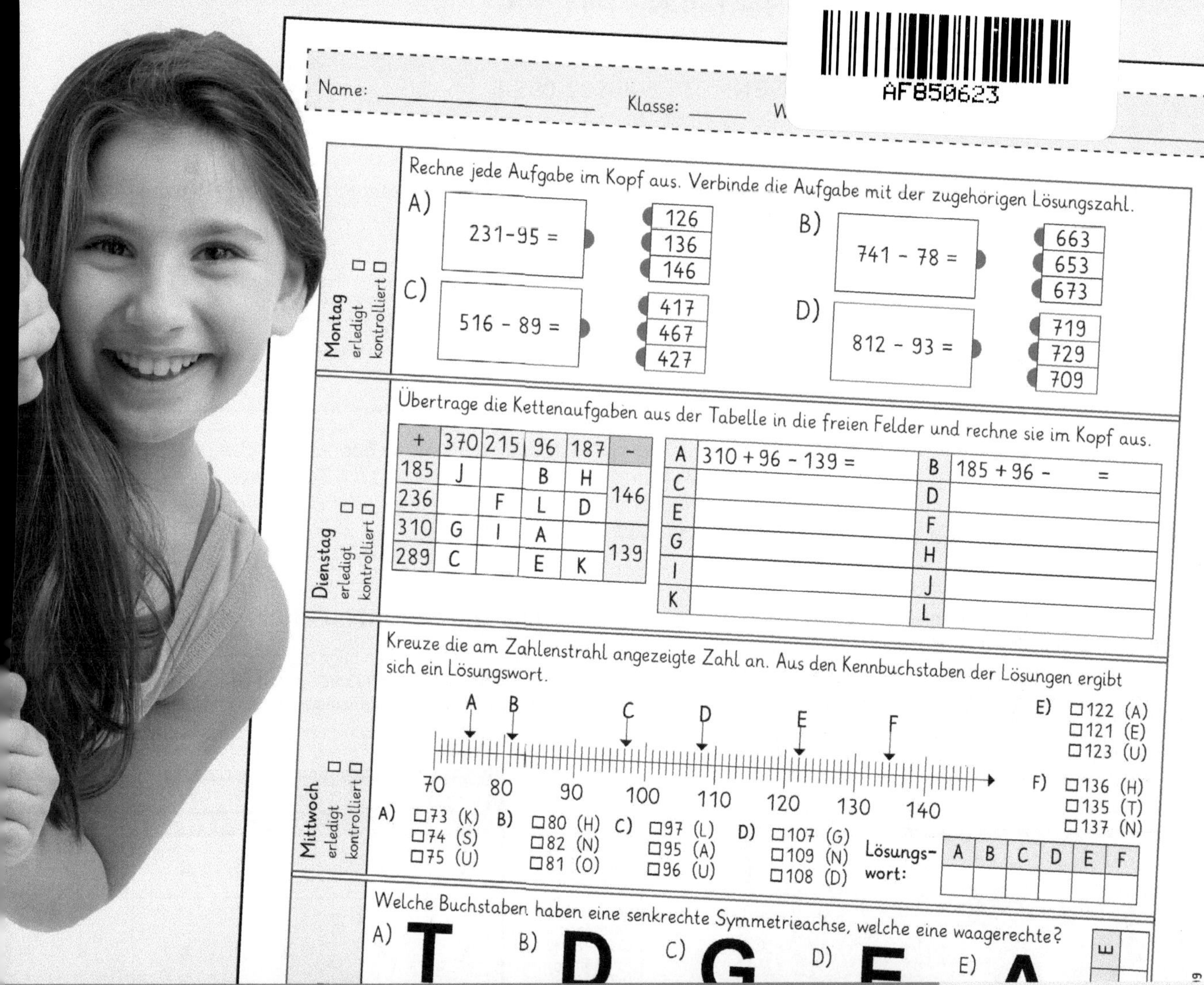

- Jede Woche in fünf Einheiten auf einem Bogen
- Freiarbeit & Häusliches Üben

Lernen mit Erfolg
KOHL VERLAG

Wochenplan Mathematik

Klasse 3

4. Auflage 2026

Inhalt: Hans-J. Schmidt
Coverbild: © Noam - AdobeStock.com
Redaktion: Kohl-Verlag
Grafik & Satz: Kohl-Verlag
Druck: Elanders Druck, Waiblingen

Bestell-Nr. P11 399

ISBN: 978-3-86632-095-6

Kontakt: Kohl-Verlag, An der Brennerei 37-45, 50170 Kerpen
Tel: +49 2275 331610, Mail: info@kohlverlag.de

Wochenpläne

Hans-J. Schmidt

Wochenplan Mathematik

Jede Woche übersichtlich auf einem Bogen

Jede Woche in fünf Einheiten auf einem Bogen zusammengefasst. Jeder Bogen kann individuell eingesetzt werden. Nur noch die Wochennummer bzw. das Datum, kopieren und austeilen. Die übersichtlichen Lösungskarten erleichtern die Kontrolle und bieten den Schülern die Möglichkeit, sich selbst zu überprüfen und sich schrittweise zu verbessern!

Klasse 2	11 865	
Klasse 3	11 399	je 80 Seiten
Klasse 4	11 400	ab 16,49 €

2 3 4

Sabine Hauke

Wochenplan Fit für Klasse Fünf!

Viertklässler sollten regelmäßig üben können, damit sie den Übergang zur weiterführenden Schule leichter meistern können. Hierfür eigenen sich besonders die Wochenpläne. Jede Woche ist in 5 Einheiten (Mo-Fr) untergliedert. Jede Einheit wiederholt und schult Grundlagen aus den Fächern Mathe, Deutsch oder Sachkunde, die am Ende der Grundschulzeit beherrscht werden sollten. Das regelmäßige Abarbeiten von festen Portionen schafft Selbstvertrauen. Übungen zu Grundrechenarten, Zahlenraumverständnis, Leseverständnis, Rechtschreibung und vieles mehr. ***Die optimale Vorbereitung auf den Schulwechsel nach der Grundschule!***

84 Seiten	12 481	ab 16,49 €

4

Autorenteam Kohl-Verlag

Wochenplan Geometrie

Jede Woche übersichtlich auf einem Bogen

Dieser Wochenplan widmet sich den geometrischen Anforderungen in der Grundschule. Das räumliche Denken wird gefördert, die Arbeit mit geometrischen Formen, Flächen und Körpern gefestigt. Die Schüler üben den Umgang mit senkrechten und parallelen Linien, bearbeiten mathematische Muster und lernen das Spiegeln. Erste zusammengesetzte Würfelberge runden das Gebiet ganzheitlich ab.

48 Seiten	11 964	ab 13,49 €

3 4

Mila Müller

Wochenplan Grundrechenarten

Üben und Festigen der Grundrechenarten

Es ist eine Sache, die Grundrechenarten „verstanden“ zu haben. Um sie zu beherrschen, heißt es üben, üben, … Jede Woche ein festes Pensum, jeden Tag ein übersichtliches Stück Arbeit. Ein Erfolgserlebnis motiviert für den nächsten Tag. So steigt von Tag zu Tag das Selbstbewusstsein, wieder mal etwas geschafft zu haben. So starten wir sicher in Klasse 4.

84 S.	Klasse 3	12 483	ab 16,49 €
80 S.	Klasse 4	12 498	ab 16,49 €

3 4

Hans-J. Schmidt

Mathe-Basics-Trainer

Grundlagentraining für jeden Tag

Je 52 Wochenblätter mit 20 Aufgaben, also 4 Aufgaben je Wochentag. *Die Kopiervorlagen können gezielt im Sinne eines permanenten Trainings oder für Schüler mit Defiziten eingesetzt werden.*

Mit dieser raffinierten Methode gerät kein Stoffgebiet der Mathematik in Vergessenheit!

FÖ

Klasse 1	11 234	
Klasse 2	11 208	
Klasse 3	11 141	je 56 Seiten
Klasse 4	11 142	ab 14,49 €

1 2 3 4

Marion Brugger

Wochenplan Sachrechnen

Jede Woche ist in fünf Einheiten auf einem Bogen zusammengefasst. Wann Sie welchen Bogen einsetzen, wählen Sie selbst, ganz individuell nach dem jeweils zu behandelnden Thema. Die übersichtlichen Lösungskarten erleichtern Ihnen die Kontrolle, bieten aber auch den Schülern die Möglichkeit, sich selbst zu verbessern oder bei Schwierigkeiten genauer nachzuforschen. Gerade für diese Altersgruppe ist der Wochenplan ideal. So steigt von Tag zu Tag das Selbstbewusstsein, wieder mal etwas geschafft zu haben – ganz ohne Überforderung!

Aa

NEU	80 S.	Klasse 1/2	13 005	ab 16,49 €
	80 S.	Klasse 3	12 661	ab 16,49 €
	80 S.	Klasse 4	12 662	ab 16,49 €

1 2 3 4

Rechentechnik & Bruchrechnen

Tobias & Nik Vonderlehr

Maßeinheiten umrechnen

Umrechnen von Gewicht, Maß, Zeit

Das Umrechnen von Einheiten fällt vielen Schülern oft schwer. Egal ob Längen-, Flächen- oder Volumeneinheiten, ob Geld-, Gewichts- oder Zeiteinheiten, mit diesen Materialien unterstützen Sie Ihre Schützlinge. Die Kommaschreibweise wird genauso trainiert, wie das Schreiben in gemischten Einheiten. Entsprechende Textaufgaben sind ebenfalls vorhanden.

56 Seiten	12 316	ab 14,49 €

PDF plus

3 4

Stefan Lamm

Mein Mathe-Malbuch

Band 7: Brüche kennenlernen

Die Kinder lernen Bruchteile zu erkennen und zu benennen. Es sollen Brüche mit passenden Mustern kombiniert werden und schließlich stehen auch erste, einfache Rechnungen mit Brüchen zur Verfügung. Die dabei verwendete Grundschrift erleichtert den Kindern das Arbeiten …

32 Seiten	12 667	ab 11,99 €

FÖ INK

4

Peter Smith, Brenda Owen

Brüche entdecken Erkennen, umwandeln & berechnen

Beim Erlernen des Bruchrechnens muss die Vorstellung entstehen, was der Bruchteil eines Ganzen ist und wie man mit solchen Größen rechnerisch umgeht. Wie hängen Brüche und Prozentangaben zusammen und was hat die Dezimalschreibweise damit zu tun? Wie lassen sich die Grundrechenarten mit Brüchen durchführen? Hier ist spielerisches Übungsmaterial, mit dem schnell Sicherheit im Umgang mit Brüchen erlernt werden kann.

FARBIG	40 Seiten	15 036	ab 17,49 €

FÖ

2 3 4

Birgit Brandenburg & Stefanie Kraus

Mit Maßeinheiten rechnen lernen

Mathe ganz praktisch • Mit offenen Aufgaben

Schritt für Schritt erste Erfahrungen mit den Maßeinheiten in steigender Schwierigkeitsstufe. Lebensnahe und leicht umsetzbare Text- und Übungsaufgaben zur Umwandlung der Maßeinheiten werden thematisiert. Hinzu kommen offene Aufgaben. ***Die optimale Auffrischung der Grundkenntnisse für die weiterführende Schule!***

124 Seiten	19 043	ab 22,49 €

PDF plus

3 4

Cornelia Gutjahr

Keine Angst mehr vor Maßeinheiten

Maßeinheiten verstehen & umrechnen

NEU

In leicht verständlicher Weise wird das Berechnen von Längen, Gewichten, Flächen sowie Volumen behandelt. In 17 Vorlesetext-Kapitel gegliedert, wird eine Familie bei der Anschaffung eines Aquariums begleitet. Zu jedem Kapitel stehen passenden Rechenaufgaben bereit. Großer Wert wurde auch auf das Analysieren von Wortursprüngen gelegt, auf denen die Maßeinheiten basieren. Dadurch werden die Schüler(innen) in die Lage versetzt, auf Grundlage von bereits bekannten Wortursprüngen selbstständig weitere Maßeinheiten zu erschließen.

68 Seiten	13 006	ab 15,99 €

4

Inhalt

Inhalt

Anregungen für Lehrkräfte

Der Band bündelt 38 Wochenpläne, die den Stoff des dritten Schuljahres über das gesamte Jahr verteilen. Jeder Bogen fasst fünf überschaubare Einheiten von Montag bis Freitag zusammen, die Übersicht auf S. 3/4 weist für jeden Wochentag den Übungsschwerpunkt aus – von der Addition und Subtraktion über die Rechenverfahren und die Zahlvorstellung bis zu den Größen und der Geometrie am Ende der Woche. Die Kästchen „erledigt" und „kontrolliert" halten den Arbeitsstand für Kind und Lehrkraft jederzeit sichtbar, die Lösungsseiten (S. 44–62) erlauben das selbstständige Vergleichen. Wochenplanarbeit ist ihrem Wesen nach Einzelarbeit im eigenen Tempo – sie gewinnt jedoch enorm, wenn einzelne Aufgaben bewusst als Partner- oder Gruppenaufgaben ausgewiesen werden. Die folgenden Vorschläge kommen ohne Zusatzmaterial aus.

1. Gruppenarbeit und kooperative Lernformen

Die Aufgaben „Rechne jede Aufgabe im Kopf aus und verbinde sie mit der Lösungszahl" – etwa am Montag der Seiten 24, 27 und 31 – eignen sich als **Partner-Rechenkonferenz**: Ein Kind rechnet laut denkend vor, das andere hört zu, hakt nach und entscheidet mit; nach jeder Aufgabe werden die Rollen getauscht. Wer rechnet, muss seinen Weg benennen können – aus stiller Ergebnissuche wird ein Gespräch über Strategien wie Zerlegen, Ergänzen oder das Nutzen von Analogien. Die Kettenaufgaben-Tabellen (Dienstag, S. 11, 22, 27 und 38) verlangen zwölf gleichartige Rechnungen und laden zum **Gruppenpuzzle** ein: In Vierergruppen übernimmt jedes Kind drei Zeilen, überträgt sein Ergebnis in die gemeinsame Tabelle und erklärt eine Rechnung davon; erst wenn alle Wege nachvollziehbar sind, gilt die Tabelle als fertig. Für die Netze am Freitag – „Würfelnetz, Quadernetz oder keins von beiden?" (S. 11, 19 und 26) – bewährt sich das **Schneeballverfahren**: Jedes Kind entscheidet zunächst allein, vergleicht dann mit einem Partner und schließlich zu viert. Strittige Netze werden aus Papier nachgefaltet, bevor die Gruppe sich festlegt – so wird aus reinem Ankreuzen ein echtes Begründen.

2. Bedeutungsvolle Zusammenarbeit & gemeinsame Ziele

Die Würfelgebäude entfalten ihren ganzen Reiz als **Rücken-an-Rücken-Tandem**: Bei „Wie sehen die Baupläne für die einzelnen Würfelgebäude aus?" (Freitag, S. 35) beschreibt ein Kind sein Gebäude ausschließlich mit Worten, das andere baut es mit Steckwürfeln nach, ohne die Abbildung zu sehen – der anschließende Vergleich zeigt eindrücklich, wie genau Lagebeziehungen formuliert und wie aufmerksam sie gehört werden müssen. Ebenso ergiebig ist die Auswahlaufgabe auf S. 41 (Mittwoch). Als kollaboratives Endprodukt über die gesamte Wochenplanarbeit hinweg empfiehlt sich die **Klassen-Rechenkartei „Wir bauen unsere eigenen Wochenpläne"**: Jede Kleingruppe übernimmt ein Aufgabenformat des Bandes – Zahlenmauer (S. 6, 16, 24), Rechendreieck (S. 30, 34), Rechenrad (S. 32, 37), Lösungswort-Rätsel (durchgängig) oder Muster-Fortsetzung (S. 16, 23, 26, 32) –, erfindet dazu eigene Aufgaben und schreibt die passende Lösungskarte dazu. Wer eine Aufgabe erfindet, muss sie selbst lösen können; kaum etwas festigt die Rechenverfahren nachhaltiger. Die Karten wandern in eine Klassenkartei, aus der sich die Kinder bedienen, sobald sie mit ihrem Wochenplan früher fertig sind – ein Gemeinschaftswerk, das mit jeder Woche wächst. Die regelmäßigen Vielecke (S. 37) und die farbig angelegten Musterbänder liefern dazu den Wandschmuck für den Elternabend.

3. Reflexion & Weiterentwicklung

Bitten Sie die Kinder am Freitag, neben jedes Kontrollkästchen einen **Ampelpunkt** zu setzen: Grün für „hat gut geklappt", Gelb für „war knifflig", Rot für „brauche Hilfe". In Verbindung mit der Übersicht auf S. 3/4 erkennen Sie binnen weniger Minuten, ob es an einem Rechenverfahren, an den Größen oder an der Geometrie hakt. Ergiebiger als die bloße Fehlerzahl ist eine **Fehlersammlung**: Notieren Sie über zwei, drei Wochen die wiederkehrenden Muster – der vergessene Übertrag bei der schriftlichen Addition, die Verwechslung von 7 kg 50 g und 7050 g, der übersehene Rest bei der Division – und greifen Sie jeweils eines davon in einem zehnminütigen Impuls im Kreis auf. Für die eigene Weiterentwicklung lohnt eine **Tandem-Hospitation** im Jahrgangsteam: Vereinbaren Sie mit einer Kollegin einen einzigen Beobachtungsschwerpunkt – etwa „Wie oft holen sich Kinder Hilfe beim Nachbarkind statt bei mir?" –, besuchen Sie sich wechselseitig in einer Wochenplanstunde und tauschen Sie sich anschließend zehn Minuten aus, ohne zu bewerten. Ein schlankes Format, das Wochenplanarbeit vom Einzelkämpfertum löst.

<u>Praxis-Tipp:</u> *Zerschneiden Sie die Lösungsseiten (S. 44–62) so, dass je ein Wochenplan auf eine Karte kommt, laminieren Sie diese und nummerieren Sie sie fortlaufend. An einer festen „Kontrollstelle" im Klassenraum holen sich die Kinder die passende Karte, sobald das Kästchen „erledigt" angekreuzt ist – kontrolliert wird zu zweit. Die Karten bleiben über Jahre nutzbar, und das Vergleichen mit der Lösung wird zum selbstverständlichen letzten Arbeitsschritt.*

Name: ______________________ Klasse: ______ Wochenplan Nr. _____ Abgabe am: ______________

Montag
erledigt ☐ kontrolliert ☐

Rechne die Aufgaben aus und schreibe die Lösungen in die freien Felder.

A 540 + 210 =	F 190 + 260 =
B 150 + 230 =	G 370 + 150 =
C 620 + 170 =	H 550 + 310 =
D 370 + 120 =	I 320 + 290 =
E 410 + 280 =	J 480 + 360 =

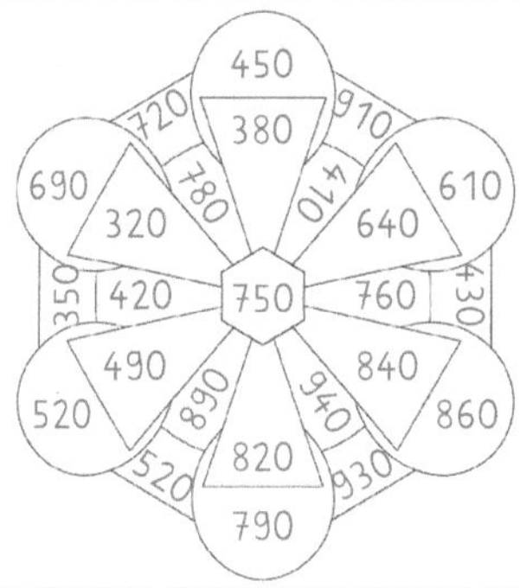

Dienstag
erledigt ☐ kontrolliert ☐

Setze die Zahlen so in die Zahlenmauer ein, dass zwei Zahlen, die nebeneinander stehen, zusammengezählt immer die Zahl darüber ergeben. Löse die Aufgabe zunächst auf einem Zettel oder im Heft und übertrage dann deine Lösung in diese Zahlenmauer.

Zahlenmauer:

60			90	
20		30		10

~~10~~	~~20~~	~~30~~	40	~~60~~	70	80	~~90~~	110	130	180	200	310	380	690

Mittwoch
erledigt ☐ kontrolliert ☐

Halbiere jede Zahl im Kopf und schreibe deine Lösung in das freie Feld neben der Aufgabe.

A

124	
236	
404	
196	
312	
492	

B

156	
222	
330	
468	
132	
492	

Kontrollbild:

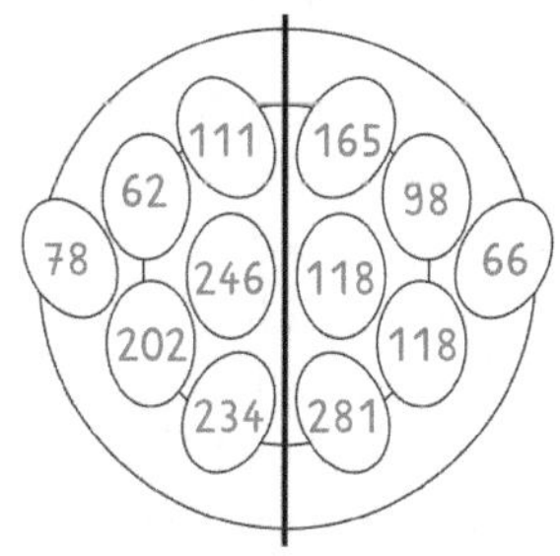

Donnerstag
erledigt ☐ kontrolliert ☐

Verfolge die Zahlenreihe und kreuze an, welche Zahl dazwischen liegt. Aus den Kennbuchstaben der richtigen Lösungen ergibt sich ein Lösungswort.

A 60 90 — K 110 / R 120 / L 130 — 150

B 55 70 — E 85 / R 80 / A 95 — 100

C 86 97 — E 110 / P 106 / I 108 — 119

D 30 80 — G 120 / S 130 / D 140 — 180

E 11 28 — E 45 / F 46 / G 47 — 62

Lösungswort:

A	B	C	D	E

Freitag
erledigt ☐ kontrolliert ☐

Miss die dargestellten Gegenstände auf Millimeter genau ab. Die Buchstaben der richtigen Lösungen ergeben das Lösungswort.

A

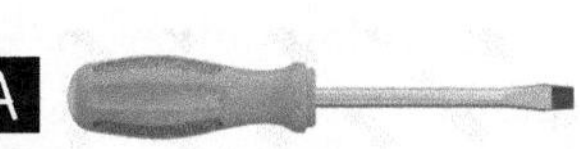

H 3,5 cm B 3,8 cm T 5,2 cm

C

N 6,1 cm K 4,4 cm L 5,3 cm

B

O 3,9 cm E 4,8 cm S 5,4 cm

D

N 2,4 cm D 1,9 cm R 1,5 cm

Lösungswort:

A	B	C	D

KOHL VERLAG WOCHENPLAN MATHEMATIK / Klasse 3 – Bestell-Nr. 11 399

Name: ______________________ Klasse: ______ Wochenplan Nr. _____ Abgabe am: ______________

Montag
erledigt ☐ kontrolliert ☐

Vervollständige die Plustreppen so, dass zwei Zahlen in Feldern, die nebeneinander stehen, zusammengezählt immer die Zahl im oberen Nachbarfeld ergeben.

A)

			58
12	27		

B)

36			
	19		28

Dienstag
erledigt ☐ kontrolliert ☐

Multipliziere die Zahlen miteinander. Aus den Kennbuchstaben der richtigen Lösungen ergibt sich das Lösungswort.

A 20 • 40 — B 300, S 800, Z 500

B 50 • 30 — I 1500, G 2000, R 1200

C 80 • 70 — O 2800, G 4300, L 5600

D 30 • 60 — B 1800, N 1200, H 2400

E 90 • 30 — W 1800, Z 3200, E 2700

F 70 • 90 — E 5600, R 6300, Z 6500

Lösungswort:

A	
B	
C	
D	
E	
F	

Mittwoch
erledigt ☐ kontrolliert ☐

Verdopple jede Zahl im Kopf und schreibe deine Lösung in das freie Feld neben der Aufgabe.

A

67	
29	
47	
127	
209	
96	

B

156	
137	
217	
199	
236	
418	

Kontrollbild:

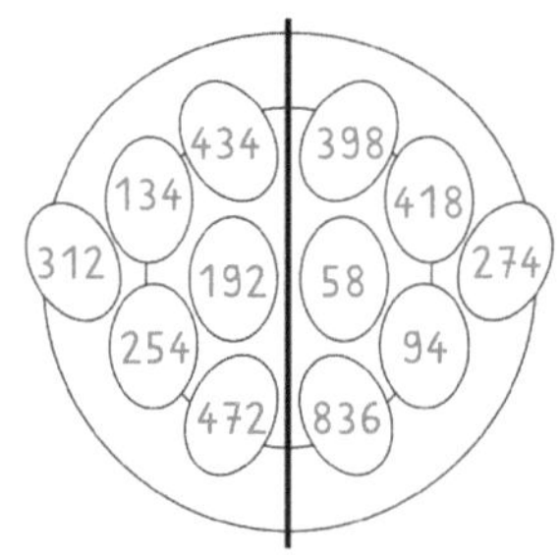

Donnerstag
erledigt ☐ kontrolliert ☐

Du gehst einkaufen und hat den angegebenen Betrag in deinem Geldbeutel. Kreuze an, wie viel Geld du noch hast, wenn du die in den Kästchen gezeigten Beträge gezahlt hast. Die Buchstaben hinter den richtigen Lösungen ergeben das Lösungswort.

A € 8 — € 2,50 / € 3,50
- € 3,00 M
- € 1,50 F
- € 2,00 P

B € 7 — € 1,70 / € 2,90
- € 2,40 I
- € 3,10 A
- € 2,50 O

C € 12 — € 3,60 / € 7,10
- € 1,70 T
- € 1,30 L
- € 2,00 P

D € 6 — € 0,80 / € 1,90
- € 3,30 Z
- € 2,90 M
- € 3,20 A

Lösungswort:

A	B	C	D

Freitag
erledigt ☐ kontrolliert ☐

Übertrage die Buchstaben unten in die freien Gitterfelder. Male das fertige Bild in deinen Lieblingsfarben aus.

KOHL VERLAG WOCHENPLAN MATHEMATIK / Klasse 3 – Bestell-Nr. 11 399

Name: ______________ Klasse: ______ Wochenplan Nr. _____ Abgabe am: ______________

Montag
erledigt ☐ kontrolliert ☐

Rechne die Aufgaben aus und schreibe die Lösungen in die freien Felder. Male im Rechenmandala alle Felder mit den Lösungszahlen mit einer Farbe aus.

A	240 - 170 =	
B	350 - 230 =	
C	420 - 260 =	
D	370 - 120 =	
E	410 - 280 =	

F	390 - 280 =	
G	370 - 150 =	
H	550 - 310 =	
I	320 - 290 =	
J	480 - 310 =	

Kontrollbild:

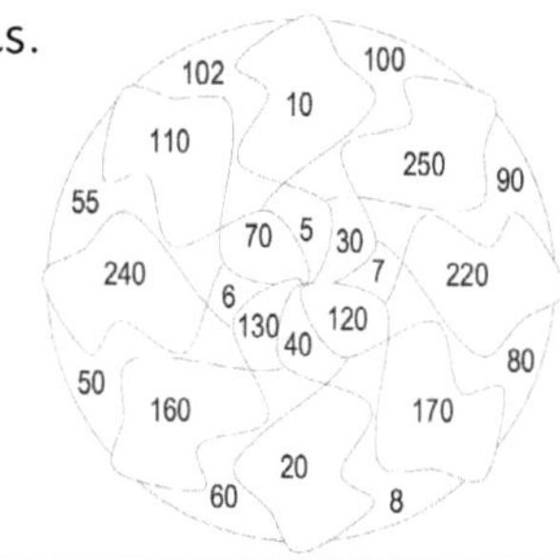

Dienstag
erledigt ☐ kontrolliert ☐

Dividiere die Zahlen. Aus den Kennbuchstaben der richtigen Lösungen ergibt sich ein Lösungswort.

A) 81 : 9	B) 32 : 4	C) 63 : 7	D) 27 : 3	E) 18 : 2	F) 64 : 8	G) 40 : 5
8 (G)	8 (O)	7 (C)	8 (C)	9 (A)	7 (G)	9 (P)
9 (T)	9 (I)	8 (S)	7 (S)	8 (T)	9 (L)	8 (D)
7 (Z)	7 (R)	9 (R)	9 (W)	7 (K)	8 (N)	7 (K)

Lösungswort:

A	B	C	D	E	F	G

Mittwoch
erledigt ☐ kontrolliert ☐

Trage die Zahlen, die genau in der Mitte zwischen den beiden angegebenen Zahlen stehen, in die Kästchen ein. Die Kennbuchstaben bei den richtigen Antworten ergeben ein Lösungswort.

A) 482 ☐ 534
507 (T) 508 (M) 509 (T)

B) 732 ☐ 796
762 (U) 763 (A) 764 (O)

C) 211 ☐ 253
232 (N) 233 (I) 234 (L)

D) 120 ☐ 184
149 (K) 151 (F) 152 (S)

E) 207 ☐ 309
258 (U) 259 (Z) 260 (S)

F) 83 ☐ 127
105 (N) 106 (M) 107 (T)

Lösungswort:

A	B	C	D	E	F

Donnerstag
erledigt ☐ kontrolliert ☐

Rechne in Minuten um. Die Buchstaben der richtigen Lösungen ergeben das Lösungswort.

A	B	C	D	E	F
☐135 min (S)	☐192 min (S)	☐115 min (H)	☐150 min (S)	☐235 min (S)	☐196 min (S)
☐120 min (D)	☐206 min (D)	☐120 min (D)	☐160 min (E)	☐240 min (D)	☐206 min (N)
☐105 min (W)	☐186 min (C)	☐105 min (W)	☐180 min (W)	☐245 min (I)	☐186 min (W)
2 h 15 min	**3 h 6 min**	**1 h 55 min**	**2 h 40 min**	**4 h 5 min**	**3 h 26 min**

Lösungswort:

A	B	C	D	E	F

Freitag
erledigt ☐ kontrolliert ☐

Kreuze die Größe an, die den gleichen Wert wie vorher angibt.
Die Buchstaben zur richtigen Lösung ergeben das Lösungswort.

A) 1700 m = 1 km 700 m =
1,7 km (S) 8,1 km (P) 0,8 km (L)

B) 5300 m = 5 km 300 m =
5,2 km (K) 3,5 km (P) 5,3 km (T)

C) 2090 m = 2 km 90 m =
1,8 km (K) 2,09 km (R) 2,9 km (O)

D) 7500 m = 7 km 500 m =
7,4 km (M) 7,1 km (A) 7,5 km (E)

E) 2070 m = 2 km 70 m =
2,07 km (I) 2,7 km (N) 7,2 km (H)

F) 9800 m = 9 km 800 m =
9,8 km (T) 8,9 km (F) 9,7 km (G)

Lösungswort:

A	B	C	D	E	F

KOHL VERLAG WOCHENPLAN MATHEMATIK / Klasse 3 – Bestell-Nr. 11 399

Name: ______________________ Klasse: ______ Wochenplan Nr. _____ Abgabe am: ______________

Montag erledigt ☐ kontrolliert ☐

Rechne die Aufgaben aus und schreibe die Lösungen unter die Aufgaben. Kreuze unten deine Lösungen an.

A	B	C	D	E	F	G	H
386	254	175	199	237	525	264	574
+ 495	+ 568	+ 298	+ 388	+ 176	+ 275	+ 659	+ 269

○ 843 ○ 881 ○ 413 ○ 587 ○ 740 ○ 567 ○ 567 ○ 822 ○ 473 ○ 923 ○ 800

Dienstag erledigt ☐ kontrolliert ☐

Rechne die Aufgaben aus und schreibe die Lösungen in die freien Felder. Aus den Kontrollbuchstaben der richtigen Antwort ergibt sich ein Lösungswort.

A	350 - 180 =	
B	750 - 490 =	
C	520 - 360 =	

D	680 - 490 =	
E	570 - 250 =	
F	400 - 210 =	

Lösungswort:

A	B	C	D	E	F

180	140	190	170	320	160	260	150
↓	↓	↓	↓	↓	↓	↓	↓
A	B	E	F	G	I	L	M

Mittwoch erledigt ☐ kontrolliert ☐

Kreuze an, ob die Folgezahl größer, kleiner oder gleich ist. Aus den Kennbuchstaben der richtigen Lösung ergibt sich ein Lösungswort.

A 196 (Z) > (J) < (U) = 189

B 716 (O) > (L) < (B) = 706

C 539 (H) > (B) < (W) = 545

D 777 (A) > (P) < (E) = 777

E 999 (L) > (M) < (R) = 666

Lösungswort:

A	B	C	D	E

Donnerstag erledigt ☐ kontrolliert ☐

Sind die Figuren achsensymmetrisch? Die Buchstaben der richtigen Lösungen ergeben das Lösungswort.

A)
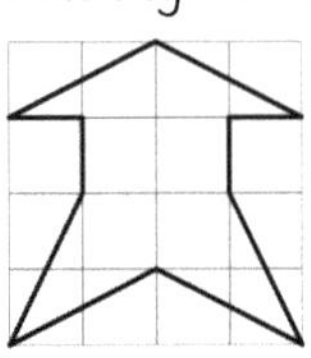
(M) ja
(H) nein

B)
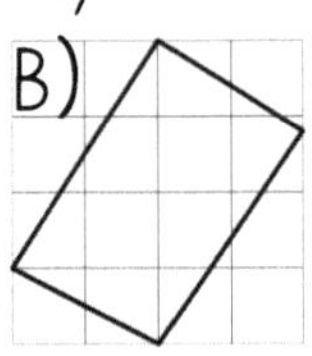
(U) ja
(A) nein

C)
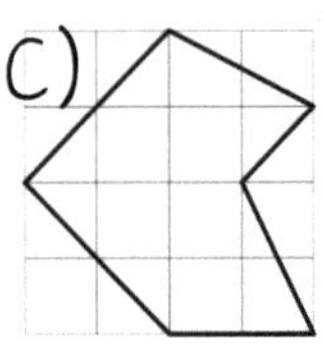
(N) ja
(U) nein

D)
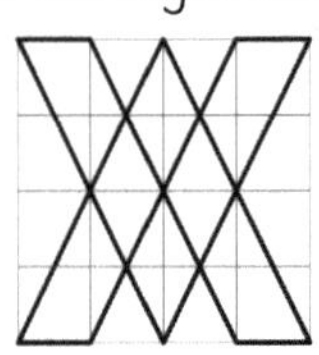
(S) ja
(D) nein

Lösungswort:

A	B	C	D

Freitag erledigt ☐ kontrolliert ☐

Kreuze den Namen des abgebildeten Körpers an. Aus den Kennbuchstaben der richtigen Lösungen ergibt sich ein Lösungswort.

A)
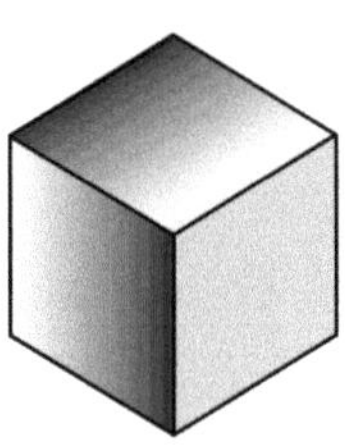
(A) Würfel
(B) Kegel
(Z) Kugel

B)
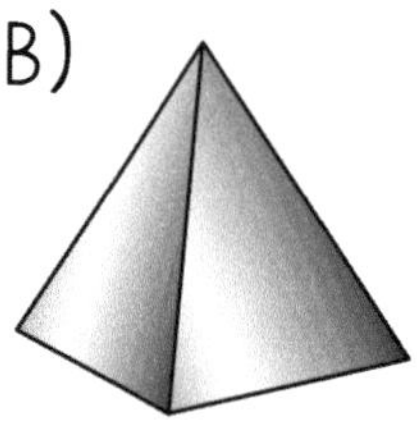
(D) Quader
(M) Kugel
(B) Pyramide

C)
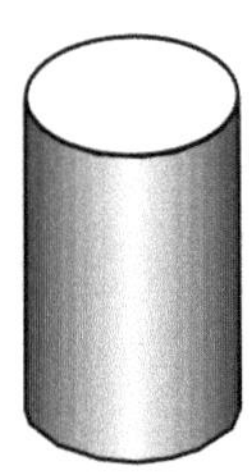
(C) Würfel
(T) Zylinder
(O) Ball

Lösungswort:

A	B	C

KOHL VERLAG WOCHENPLAN MATHEMATIK / Klasse 3 – Bestell-Nr. 11 399

Name: ______________________ Klasse: ______ Wochenplan Nr. _____ Abgabe am: ______________

Montag erledigt ☐ kontrolliert ☐

Rechne die Aufgaben aus und schreibe die Lösungen in die freien Felder.

A	480 + 275	
B	390 + 448	
C	290 + 372	

D	265 + 380	
E	440 + 374	
F	195 + 360	

G	372 + 190	
H	450 + 389	
I	320 + 297	

Dienstag erledigt ☐ kontrolliert ☐

Kreuze den richtigen Vorgänger und Nachfolger an. Aus den Kennbuchstaben der Lösungen ergibt sich ein Wort.

A) **389**
- T 388 V 99
- B 387 R 390
- L 390 E 102

B) **667**
- G 665 N 668
- B 668 F 666
- I 666 E 665

C) **817**
- G 818 H 818
- K 816 F 820
- L 810 E 821

D) **600**
- G 601 V 602
- A 599 L 601
- L 598 E 599

E) **346**
- P 341 E 347
- O 347 F 348
- L 345 S 342

Lösungswort:

A		B		C		D		E	

Mittwoch erledigt ☐ kontrolliert ☐

Kreuze das Gewicht an, das den gleichen Wert wie vorher angibt. Die Buchstaben zur richtigen Lösung ergeben das Lösungswort.

A) 7 kg 300 g =
- A 7030 g P 7003 g
- B 7300 g

B) 2 t 8 kg =
- F 2800 kg I 2008 kg
- P 2080 kg

C) 7 kg 50 g =
- R 7050 g F 7500 g
- L 7005 g

D) 6 t 20 kg =
- N 6020 kg M 6200 kg
- E 6002 kg

E) 9 kg 605 g =
- C 5200 g L 2500 g
- E 9605 g

F) 7 t 900 kg =
- M 790 kg H 7009 kg
- N 7900 kg

Lösungswort:

A	B	C	D	E	F

Donnerstag erledigt ☐ kontrolliert ☐

Setze jeweils die passenden Zahlen ein.

A) ☐, ☐, ☐, 40, 46, 52, 58, ☐, ☐

B) ☐, ☐, ☐, 44, 55, 66, 77, ☐, ☐

Freitag erledigt ☐ kontrolliert ☐

Miss die folgenden Gegenstände auf den Abbildungen genau ab. Die Buchstaben der richtigen Lösungen ergeben das Lösungswort.

A

B 1,5 cm A 2,1 cm H 2,5 cm

B

O 2,1 cm
E 2,7 cm
U 2,4 cm

C

T 4,0 cm I 3,8 cm L 4,5 cm

D

O 2,1 cm L 1,9 cm
Z 2,3 cm

Lösungswort:

A	B	C	D

WOCHENPLAN MATHEMATIK / Klasse 3 – Bestell-Nr. 11 399
KOHL VERLAG

Name: ____________ Klasse: ______ Wochenplan Nr. _____ Abgabe am: ____________

Montag erledigt □ kontrolliert □

Übertrage die Kettenaufgaben aus der Tabelle in die freien Felder und rechne sie im Kopf aus.

+	22	37	43	54	–
31	J		B	H	27
52		F	L	D	
49	G	I	A		19
27	C		E	K	

A	49 + 43 – 19 = 73	B	
C		D	
E		F	
G		H	
I		J	
K		L	

Dienstag erledigt □ kontrolliert □

Spiegele an der gekennzeichneten Achse. Du erhältst ein Wort. Wie heißt es?

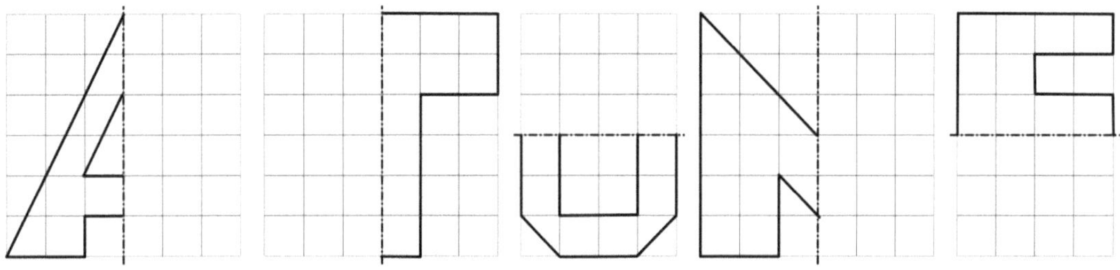

Mittwoch erledigt □ kontrolliert □

Rechne die Aufgaben aus und schreibe die Lösungen in die freien Felder! Aus den Kontrollbuchstaben der richtigen Antwort ergibt sich ein Lösungswort.

A	752 – 231	
B	727 – 416	
C	527 – 215	

D	689 – 362	
E	653 – 342	
F	412 – 109	

313	351	311	511	312	327	303	521
A	R	E	F	R	S	Y	J

Lösungswort:

A	B	C	D	E	F

Donnerstag erledigt □ kontrolliert □

Du gehst einkaufen und hast den angegebenen Betrag in deinem Geldbeutel. Kreuze an, wie viel Geld du noch hast, wenn du die in den Kästen gezeigten Beträge gezahlt hast. Die Buchstaben hinter den richtigen Lösungen ergeben das Lösungswort.

A) **€ 9,00**

€ 2,70 | € 3,40

€ 2,90 (M)
€ 2,50 (F)
€ 2,70 (P)

B) **€ 8,00**

€ 2,75 | € 3,60

€ 1,85 (I)
€ 1,75 (A)
€ 1,65 (O)

C) **€ 11,00**

€ 4,90 | € 5,20

€ 1,20 (T)
€ 1,10 (L)
€ 0,90 (P)

D) **€ 5,00**

€ 0,75 | € 1,23

€ 3,02 (S)
€ 2,92 (M)
€ 3,22 (A)

Lösungswort:

A	B	C	D

Freitag erledigt □ kontrolliert □

Handelt es sich um ein Würfelnetz, ein Quadernetz oder keins von beiden? Kreuze an. Aus den Kennbuchstaben der richtigen Lösungen ergibt sich ein Lösungswort.

A)

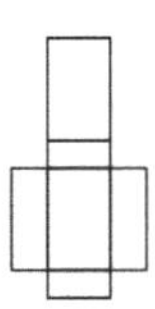

Würfelnetz (T)
Quadernetz (F)
weder noch (N)

B)

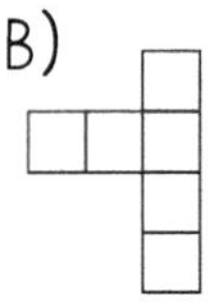

Würfelnetz (H)
Quadernetz (I)
weder noch (L)

C)

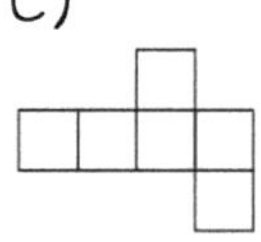

Würfelnetz (Ö)
Quadernetz (G)
weder noch (N)

D)

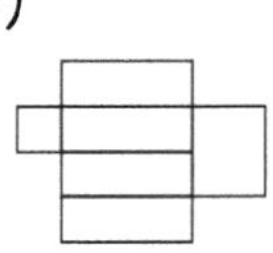

Würfelnetz (H)
Quadernetz (E)
weder noch (T)

E)

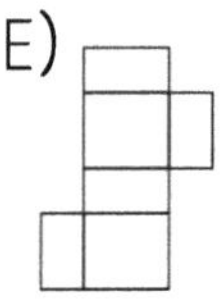

Würfelnetz (R)
Quadernetz (E)
weder noch (N)

Lösungswort:

A	B	C	D	E

KOHL VERLAG WOCHENPLAN MATHEMATIK / Klasse 3 – Bestell-Nr. 11 399

Name: ____________ Klasse: ______ Wochenplan Nr. ____ Abgabe am: ____________

Montag erledigt ☐ kontrolliert ☐

Vervollständige die Plustreppen so, dass zwei Zahlen in Feldern, die nebeneinander stehen, zusammengezählt immer die Zahl im oberen Nachbarfeld ergeben.

A)

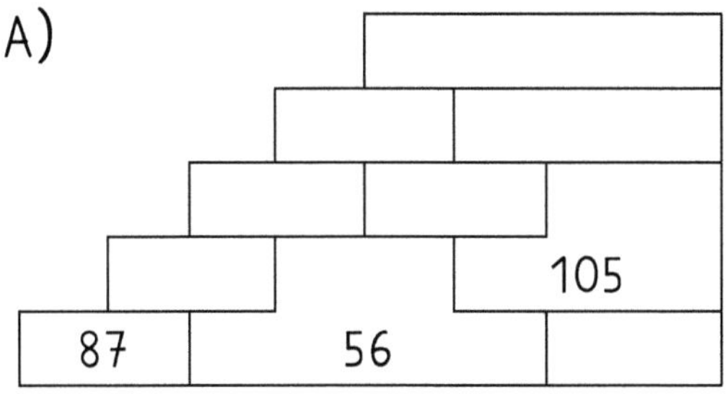

B)

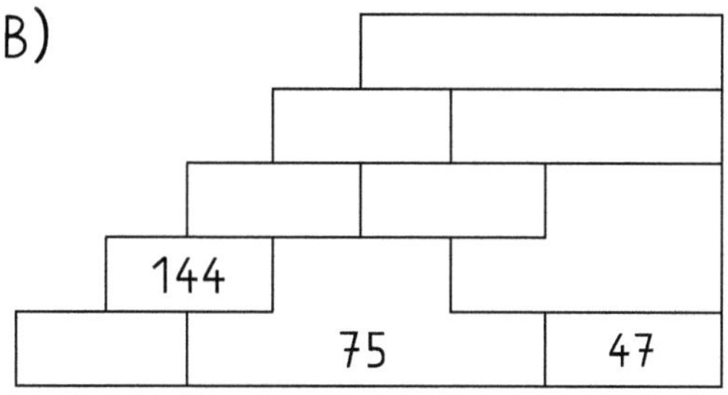

Dienstag erledigt ☐ kontrolliert ☐

Dividiere die Zahlen. Aus den Kennbuchstaben der richtigen Lösungen ergibt sich ein Lösungswort.

A) 108 : 9
9 (L)
9 (T)
12 (R)

B) 76 : 4
19 (E)
13 (A)
12 (O)

C) 62 : 2
33 (P)
31 (C)
32 (N)

D) 39 : 3
13 (H)
12 (E)
11 (W)

E) 48 : 12
3 (V)
4 (N)
5 (A)

F) 65 : 13
5 (E)
4 (C)
6 (I)

G) 75 : 15
3 (K)
4 (D)
5 (N)

Lösungswort:

A	B	C	D	E	F	G

Mittwoch erledigt ☐ kontrolliert ☐

Kreuze das Gewicht an, das den gleichen Wert wie vorher angibt. Die Buchstaben zur richtigen Lösung ergeben das Lösungswort.

A) 1 kg 255 g =
1250 g (A)
1255 g (S)
1260 g (B)

B) 2 kg 83 g =
2038 g (F)
2080 g (I)
2083 g (C)

C) 9 kg 5 g =
9005 g (H)
9500 g (F)
9050 g (L)

D) 6 kg 780 g =
6870 g (N)
6078 g (U)
6780 g (E)

E) 4 kg 77 g =
4700 g (C)
4077 g (L)
4770 g (E)

F) 7 kg 9 g =
7009 g (M)
7090 g (H)
7900 g (N)

Lösungswort:

A	B	C	D	E	F

Donnerstag erledigt ☐ kontrolliert ☐

Rechne in Minuten um. Die Buchstaben der richtigen Lösungen ergeben das Lösungswort.

A) 7 h 6 min
396 min (S)
416 min (R)
426 min (P)

B) 8 h 25 min
505 min (I)
495 min (C)
515 min (A)

C) 6 h 12 min
382 min (H)
372 min (L)
482 min (S)

D) 4 h 54 min
294 min (G)
304 min (E)
284 min (T)

E) 5 h 43 min
353 min (I)
334 min (Z)
343 min (E)

F) 3 h 49 min
239 min (I)
227 min (C)
229 min (R)

Lösungswort:

A	B	C	D	E	F

Freitag erledigt ☐ kontrolliert ☐

Kreuze die Größe an, die den gleichen Wert wie vorher angibt.

A) 2700 m = 2 km 700 m
O 2,7 km
O 2,07 km
O 2,6 km

B) 8500 m = 8 km 500 m
O 5,8 km
O 7,5 km
O 8,5 km

C) 9080 m = 9 km 80 m
O 9,8 km
O 9,08 km
O 2,9 km

KOHL VERLAG Lernen mit Erfolg WOCHENPLAN MATHEMATIK / Klasse 3 – Bestell-Nr. 11 399

Name: ______________ Klasse: ______ Wochenplan Nr. _____ Abgabe am: ______________

Montag erledigt ☐ kontrolliert ☐

Rechne die Aufgaben aus und schreibe die Lösungen unter die Aufgaben.

A) 342 + 431 = ____

B) 254 + 534 = ____

C) 175 + 513 = ____

D) 571 + 328 = ____

E) 637 + 322 = ____

F) 525 + 174 = ____

G) 264 + 621 = ____

H) 574 + 225 = ____

Dienstag erledigt ☐ kontrolliert ☐

Subtrahiere. Aus den Kennbuchstaben der richtigen Lösungen ergibt sich ein Lösungswort.

A) 357 − 124 = ____
☐243 (F)
☐233 (A)
☐223 (K)

B) 827 − 415 = ____
☐412 (M)
☐422 (G)
☐402 (Z)

C) 465 − 134 = ____
☐341 (L)
☐321 (I)
☐331 (P)

D) 745 − 323 = ____
☐422 (F)
☐412 (S)
☐432 (K)

E) 967 − 521 = ____
☐436 (D)
☐446 (E)
☐456 (Z)

F) 637 − 512 = ____
☐115 (F)
☐135 (L)
☐125 (R)

Lösungswort:

A	B	C	D	E	F

Mittwoch erledigt ☐ kontrolliert ☐

Kreuze an, ob die Folgezahl größer, kleiner oder gleich ist. Aus den Kennbuchstaben der richtigen Lösungen ergibt sich ein Lösungswort.

A) 974 984
☐> (Z)
☐< (G)
☐= (H)

B) 593 539
☐> (R)
☐< (B)
☐= (W)

C) 900 910
☐> (L)
☐< (A)
☐= (R)

D) 365 356
☐> (M)
☐< (L)
☐= (B)

E) 111 111
☐> (A)
☐< (E)
☐= (M)

Lösungswort:

A	B	C	D	E

Donnerstag erledigt ☐ kontrolliert ☐

Kreuze an, um welche geometrischen Netze es sich handelt. Aus den Kennbuchstaben der Lösungen ergibt sich ein Wort.

A)
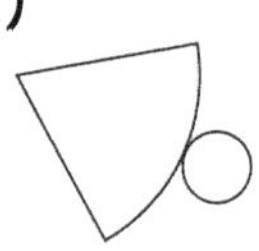
(H) Pyramide
(K) Quader
(S) Kegel

B)
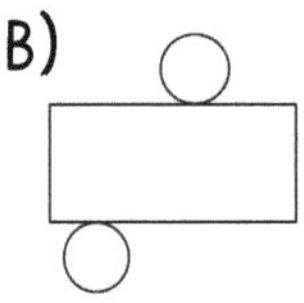
(A) Zylinder
(R) Quader
(T) Pyramide

C)
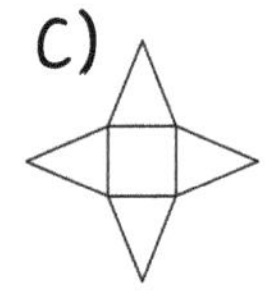
(I) Quader
(N) Prisma
(L) Pyramide

D)
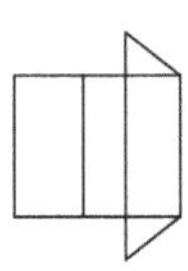
(B) Prisma
(O) Kugel
(P) Würfel

E)
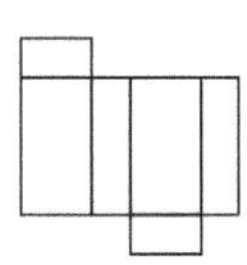
(L) Kugel
(E) Quader
(K) Kegel

Lösungswort:

A	B	C	D	E

Freitag erledigt ☐ kontrolliert ☐

Kreuze den Namen des abgebildeten Körpers an. Aus den Kennbuchstaben der richtigen Lösungen ergibt sich ein Lösungswort.

A)

(L) Würfel
(B) Kegel
(A) Kugel

B)
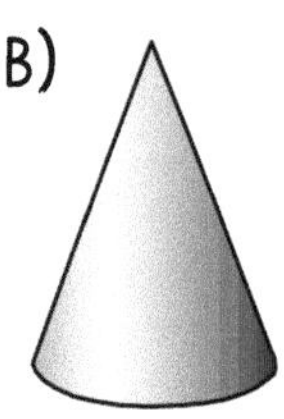
(S) Kegel
(M) Kugel
(O) Pyramide

C)

(C) Würfel
(T) Prisma
(E) Zylinder

Lösungswort:

A	B	C

KOHL VERLAG WOCHENPLAN MATHEMATIK / Klasse 3 – Bestell-Nr. 11 399

Name: ______________________ Klasse: ______ Wochenplan Nr. _____ Abgabe am: ______________

Montag
erledigt ☐ kontrolliert ☐

Addiere die Zahlen. Aus den Kennbuchstaben der richtigen Lösungen ergibt sich ein Lösungswort.

A)

	2	5	6
+	4	7	5

☐721 (H)
☐731 (N)
☐741 (U)

B)

	5	7	9
+	2	6	4

☐833 (R)
☐743 (I)
☐843 (A)

C)

	1	5	6
+	5	8	3

☐739 (G)
☐729 (R)
☐639 (W)

D)

	6	8	3
+	1	4	9

☐832 (E)
☐822 (T)
☐842 (A)

E)

	4	8	7
+	3	6	9

☐756 (A)
☐856 (L)
☐766 (C)

Lösungswort:

A	B	C	D	E

Dienstag
erledigt ☐ kontrolliert ☐

Kreuze den richtigen Vorgänger und Nachfolger an. Aus den Kennbuchstaben der Lösungen ergibt sich ein Wort.

A) **671**
(T) 669 (V) 681
(B) 661 (R) 672
(F) 670 (E) 675

B) **860**
(O) 859 (N) 862
(B) 862 (F) 863
(I) 850 (S) 861

C) **933**
(G) 931 (H) 934
(C) 932 (F) 946
(L) 935 (E) 941

D) **719**
(G) 781 (V) 722
(A) 718 (L) 721
(L) 711 (U) 720

E) **669**
(G) 668 (E) 670
(O) 659 (F) 671
(L) 667 (S) 667

Lösungswort:

A		B		C		D		E	

Mittwoch
erledigt ☐ kontrolliert ☐

Kreuze die richtigen Zehnervorgänger und Zehnernachfolger an. Aus den Kennbuchstaben der Lösungen ergibt sich ein Lösungswort.

A) **375**
(E) 300 (V) 365
(B) 360 (L) 400
(O) 380 (H) 370

B) **715**
(G) 690 (N) 900
(B) 600 (F) 730
(S) 710 (P) 720

C) **897**
(G) 895 (T) 900
(E) 800 (F) 910
(L) 894 (I) 890

D) **608**
(A) 600 (V) 500
(G) 590 (L) 610
(L) 800 (E) 620

Lösungswort:

A		B		C		D	

Donnerstag
erledigt ☐ kontrolliert ☐

Kreuze den Körper an, den du in den Abbildungen entdeckst. Aus den Kennbuchstaben der richtigen Antworten ergibt sich ein Lösungswort.

E	Kegel
H	Zylinder

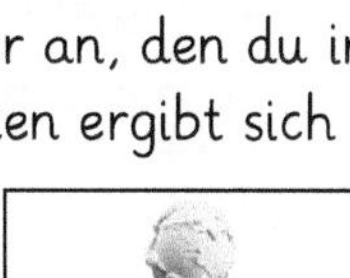

A	Kegel
S	Prisma

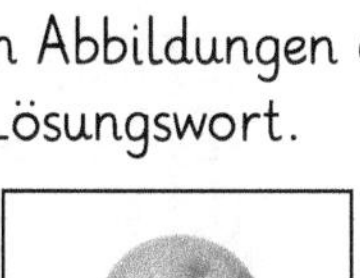

R	Zylinder
C	Kugel

K	Quader
A	Pyramide

T	Kegel
E	Prisma

A	B	C	D	E

Freitag
erledigt ☐ kontrolliert ☐

Kreuze an, welcher Körper aus dem geometrischen Netz gebastelt werden kann.

A
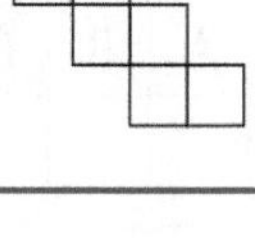
O Pyramide
O Würfel
O Kegel

B
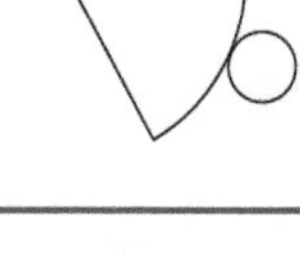
O Kegel
O Quader
O Pyramide

C
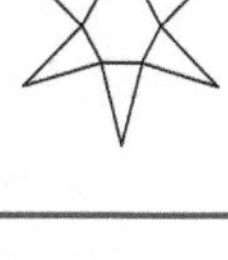
O Kegel
O Prisma
O Pyramide

WOCHENPLAN MATHEMATIK / Klasse 3 – Bestell-Nr. 11 399
KOHL VERLAG

Name: ____________________ Klasse: ______ Wochenplan Nr. _____ Abgabe am: ____________

Montag erledigt ☐ kontrolliert ☐

Rechne die Aufgaben aus und schreibe die Lösungen in die freien Felder.

A	982 - 473 =	
B	505 - 288 =	
C	656 - 196 =	
D	923 - 238 =	
E	723 -188 =	

F	509 - 236 =	
G	877 - 642 =	
H	991 - 726 =	
I	853 - 529 =	
J	879 - 727 =	

Dienstag erledigt ☐ kontrolliert ☐

Multipliziere die Zahlen miteinander. Aus den Kennbuchstaben der richtigen Lösungen ergibt sich das Lösungswort.

A **70 • 40**
3000 (B)
2800 (E)
2500 (Z)

B **5 • 800**
4000 (L)
5000 (G)
3000 (R)

C **8 • 700**
6400 (O)
4800 (G)
5600 (E)

D **30 • 90**
1800 (L)
3600 (N)
2700 (V)

E **900 • 7**
6100 (W)
5600 (Z)
6300 (E)

F **700 • 8**
5600 (N)
6500 (R)
6400 (Z)

Lösungswort:

A	B	C	D	E	F

Mittwoch erledigt ☐ kontrolliert ☐

Kreuze die am Zahlenstrahl angezeigte Zahl an. Aus den Kennbuchstaben der Lösungen ergibt sich ein Lösungswort.

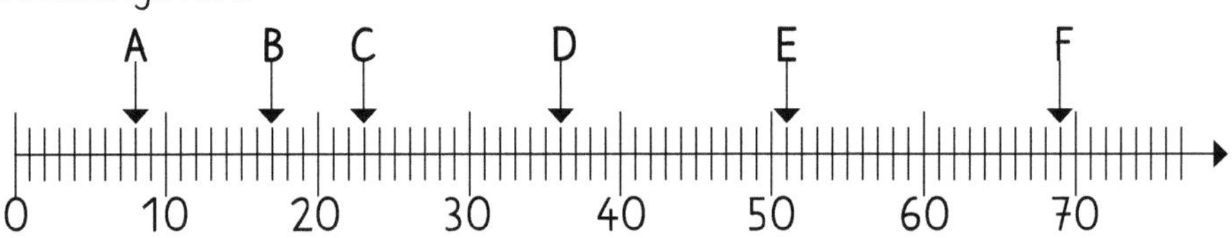

A ☐8 (K) ☐7 (N) ☐9 (U)

B ☐16 (H) ☐15 (N) ☐17 (R)

C ☐22 (H) ☐23 (A) ☐24 (U)

D ☐36 (G) ☐35 (N) ☐37 (U)

E ☐53 (H) ☐51 (E) ☐54 (U)

F ☐68 (H) ☐70 (E) ☐69 (N)

Lösungswort:

A	B	C	D	E	F

Donnerstag erledigt ☐ kontrolliert ☐

Übertrage die Buchstaben unten in die freien Gitterfelder. Male deine Buchstaben dann in deinen Lieblingsfarben aus.

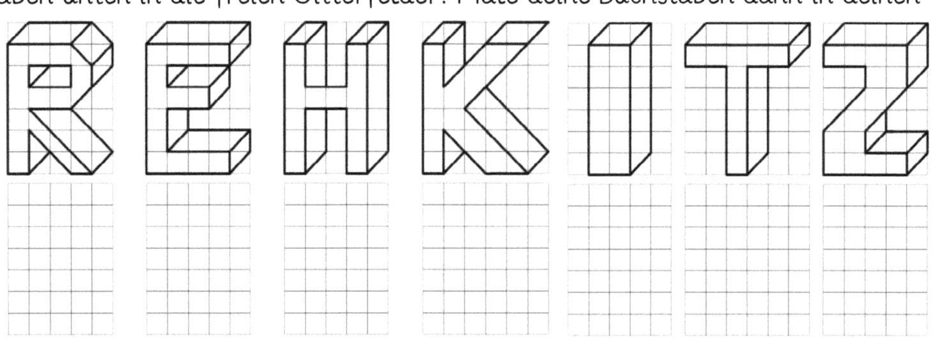

Freitag erledigt ☐ kontrolliert ☐

Miss die folgenden Gegenstände auf den Abbildungen genau ab. Die Buchstaben der richtigen Lösungen ergeben das Lösungswort.

A
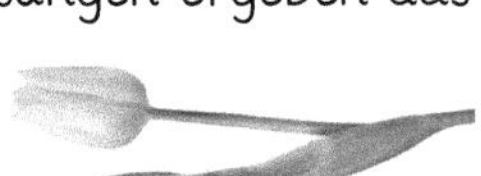
(H) 2,7 cm (G) 3,2 cm

B

(E) 2,9 cm (K) 3,4 cm

C

(L) 3,9 cm (R) 4,5 cm

D

(B) 4,2 cm (S) 3,2 cm

Lösungswort:

A	B	C	D

KOHL VERLAG WOCHENPLAN MATHEMATIK / Klasse 3 – Bestell-Nr. 11 399

Name: ______________ Klasse: ______ Wochenplan Nr. _____ Abgabe am: ______________

Montag
erledigt ☐ kontrolliert ☐

Rechne die Aufgaben aus und schreibe die Lösungen unter die Aufgaben.

A)
	2	3	5
+	4	5	1

B)
	4	3	6
+	5	2	3

C)
	2	1	3
+	6	7	5

D)
	5	3	6
+	3	4	2

E)
	6	5	1
+	3	1	6

F)
	5	2	4
+	3	4	2

G)
	2	1	3
+	6	4	6

H)
	5	2	6
+	2	5	3

Dienstag
erledigt ☐ kontrolliert ☐

Setze die Zahlen so in die Zahlenmauer ein, dass zwei Zahlen, die nebeneinander stehen, zusammengezählt immer die Zahl darüber ergeben. Löse die Aufgabe zunächst auf einem Zettel oder im Heft und übertrage dann deine Lösung in diese Zahlenmauer.

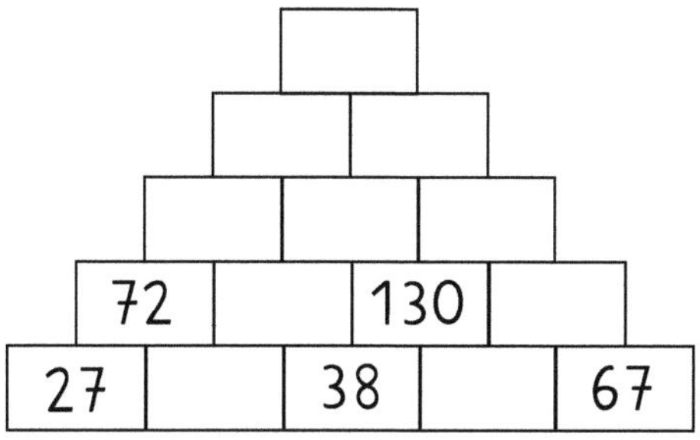

Mittwoch
erledigt ☐ kontrolliert ☐

Kreuze den richtigen Wert an, der in der Stellenwerttafel gegeben ist. Aus den Kennbuchstaben der richtigen Lösungen ergibt sich ein Lösungswort.

	H	Z	E			
A	7	0	3	73 (W)	730 (M)	703 (B)
B	6	1	9	619 (E)	691 (P)	916 (U)
C	0	6	5	56 (S)	650 (K)	65 (R)
D	8	8	0	88 (R)	880 (L)	808 (K)
E	5	7	4	574 (I)	547 (A)	754 (H)
F	0	9	0	900 (U)	90 (N)	9 (H)

Lösungswort:

A	B	C	D	E	F

Donnerstag
erledigt ☐ kontrolliert ☐

Zeichne das Muster weiter. Du kannst dein Bild farbig ausmalen.

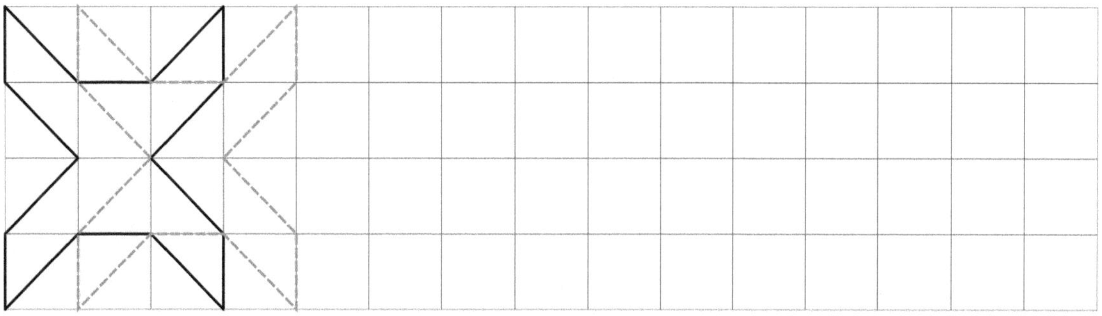

Freitag
erledigt ☐ kontrolliert ☐

Kreuze das Hohlmaß an, das den gleichen Wert wie vorher angibt. Die Buchstaben zur richtigen Lösung ergeben das Lösungswort.

A) 8 l 15 ml
- 8150 ml (D)
- 8015 ml (L)
- 8510 ml (T)

B) 3 l 7 ml
- 3007 ml (O)
- 3700 ml (L)
- 3070 ml (T)

C) 3 l 650 ml
- 3065 ml (D)
- 3560 ml (L)
- 3650 ml (N)

D) 2 l 250 ml
- 2250 ml (D)
- 2025 ml (L)
- 2520 ml (T)

E) 9 l 200 ml
- 9002 ml (D)
- 9020 ml (L)
- 9200 ml (O)

F) 5 l 9 ml
- 5090 ml (D)
- 5009 ml (N)
- 5900 ml (T)

Lösungswort:

A	B	C	D	E	F

Name: ______________ Klasse: ______ Wochenplan Nr. ____ Abgabe am: ______________

Montag
erledigt ☐ kontrolliert ☐

Rechne die Aufgaben aus und schreibe die Lösungen unter die Aufgaben.

A		4	7	5
	+	3	4	8

B		2	5	7
	+	5	7	4

C		1	7	8
	+	5	9	6

D		2	6	9
	+	3	7	3

E		2	5	4
	+	3	7	8

F		5	4	5
	+	2	7	6

G		2	5	4
	+	2	7	9

H		3	8	5
	+	2	4	6

Dienstag
erledigt ☐ kontrolliert ☐

Dividiere die Zahlen. Aus den Kennbuchstaben der richtigen Lösungen ergibt sich ein Lösungswort.

A) **99 : 9**
11 (S)
12 (T)
13 (Z)

B) **60 : 5**
13 (O)
11 (I)
12 (T)

C) **91 : 7**
12 (C)
13 (A)
14 (R)

D) **84 : 12**
8 (O)
9 (H)
7 (D)

E) **96 : 6**
16 (I)
15 (T)
17 (K)

F) **72 : 8**
7 (G)
9 (O)
8 (N)

G) **75 : 15**
6 (P)
4 (D)
5 (N)

Lösungswort:

A	B	C	D	E	F	G

Mittwoch
erledigt ☐ kontrolliert ☐

Halbiere jede Zahl im Kopf und schreibe deine Lösung in das freie Feld neben der Aufgabe.

A)

126	→	
438	→	
814	→	
596	→	
512	→	
752	→	

B)

556	→	
736	→	
534	→	
782	→	
532	→	
774	→	

Donnerstag
erledigt ☐ kontrolliert ☐

Kreuze das Gewicht an, das den gleichen Wert wie vorher angibt. Die Buchstaben zur richtigen Lösung ergeben das Lösungswort.

A) 3 kg 40 g
3400 g (A)
3040 g (S)
7300 g (B)

B) 7 t 63 kg
7360 kg (F)
7063 kg (I)
7630 g (P)

C) 1 kg 504 g
1540 g (R)
1054 g (F)
1504 g (G)

D) 7 t 2 kg
7002 kg (N)
7200 kg (M)
7020 kg (E)

E) 4 kg 60 g
4600 g (C)
4006 g (L)
4060 g (A)

F) 9 t 180 kg
9180 kg (L)
9810 kg (H)
9018 kg (N)

Lösungswort:

A	B	C	D	E	F

Freitag
erledigt ☐ kontrolliert ☐

Kreuze den Körper an, den du in den Abbildungen entdeckst. Aus den Kennbuchstaben der richtigen Antworten ergibt sich ein Lösungswort.

H	Zylinder
K	Kugel

Ü	Kegel
A	Prisma

C	Zylinder
E	Kegel

E	Würfel
H	Quader

E	Pyramide
G	Zylinder

A	B	C	D	E

Name: ____________________ Klasse: ______ Wochenplan Nr. _____ Abgabe am: ______________

Montag erledigt ☐ kontrolliert ☐

Rechne die Aufgaben aus und schreibe die Lösungen unter die Aufgaben.

A

	3	7	4
+	4	6	9

☐833 (A)
☐843 (F)
☐743 (R)

B

	5	9	6
+	3	7	8

☐974 (A)
☐964 (C)
☐874 (W)

C

	3	4	7
+	4	6	6

☐803 (H)
☐823 (N)
☐813 (D)

D

	6	8	5
+	2	4	7

☐942 (S)
☐932 (E)
☐922 (T)

E

	4	8	7
+	2	5	5

☐742 (N)
☐732 (K)
☐642 (O)

Lösungswort:

A	B	C	D	E

Dienstag erledigt ☐ kontrolliert ☐

Rechne die Aufgaben aus und schreibe die Lösungen in die freien Felder! Aus den Kontrollbuchstaben der richtigen Antwort ergibt sich ein Lösungswort.

A	626 - 230	
C	852 - 470	
E	819 - 230	

B	743 - 170	
D	989 - 130	
F	870 - 430	

382	396	589	511	440	327	573	859
A	B	E	G	R	S	L	Z

Lösungswort:

A	B	C	D	E	F

Mittwoch erledigt ☐ kontrolliert ☐

Runde auf Hunderter. Kreuze die richtig gerundete Zahl an. Aus den Kennbuchstaben der richtigen Lösungen ergibt sich ein Lösungswort.

A) 635	B) 774	C) 887	D) 647	E) 786	F) 644
600 (S)	700 (C)	880 (W)	600 (S)	770 (I)	700 (W)
500 (F)	900 (E)	900 (E)	700 (R)	800 (T)	500 (E)
700 (Z)	800 (I)	800 (H)	770 (L)	700 (Z)	600 (A)

Lösungswort:

A	B	C	D	E	F

Donnerstag erledigt ☐ kontrolliert ☐

Kreuze achsensymmetrische Figuren an und zeichne die Symmetrieachse ein.

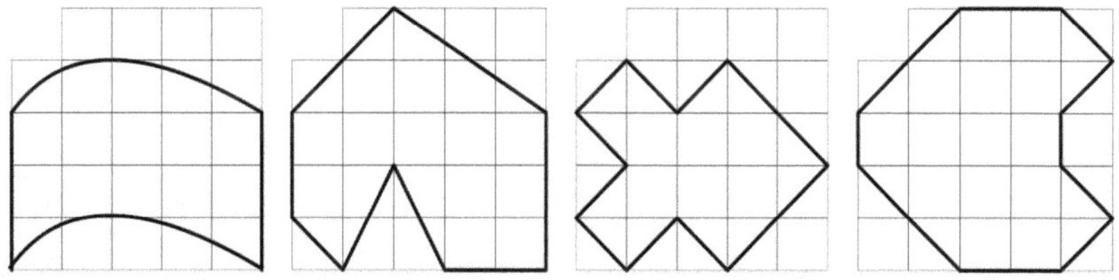

Freitag erledigt ☐ kontrolliert ☐

Spiegele jeweils an der gekennzeichneten Achse. Du kannst dein Bild farbig ausmalen.

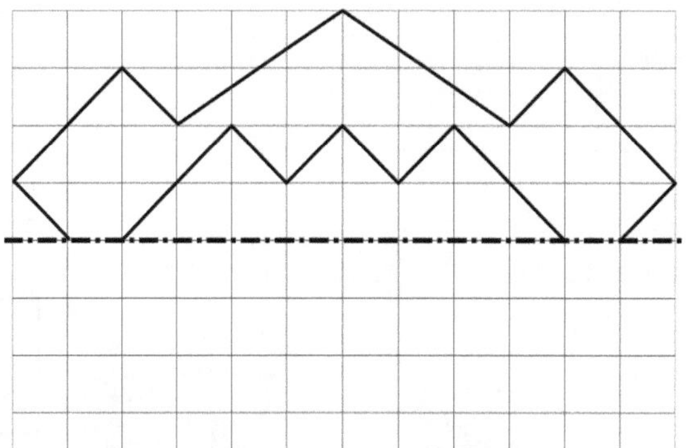

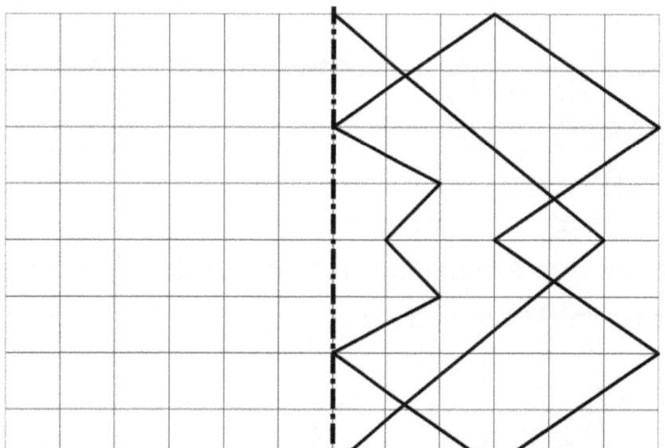

KOHL VERLAG WOCHENPLAN MATHEMATIK / Klasse 3 – Bestell-Nr. 11 399

Name: ______________________ Klasse: ______ Wochenplan Nr. _____ Abgabe am: ______________

Montag erledigt □ kontrolliert □

Rechne die Aufgaben aus und schreibe die Lösungen in die freien Felder.

A	532 - 160 =	
B	723 - 260 =	
C	884 - 270 =	
D	507 - 150 =	
E	556 - 390 =	

F	623 - 130 =	
G	825 - 350 =	
H	608 - 370 =	
I	663 - 180 =	
J	736 - 140 =	

Dienstag erledigt □ kontrolliert □

Verdopple jede Zahl im Kopf und schreibe deine Lösung in das freie Feld neben der Aufgabe.

A)

267	→	
329	→	
147	→	
256	→	
349	→	
196	→	

B)

217	→	
156	→	
439	→	
187	→	
273	→	
268	→	

Mittwoch erledigt □ kontrolliert □

Verfolge die Zahlenreihe und kreuze an, welche Zahl dazwischen liegt. Aus den Kennbuchstaben der richtigen Lösungen ergibt sich ein Lösungswort.

A 11 27 … 59: (K) 42, (R) 41, (J) 43

B 54 73 … 111: (E) 92, (R) 94, (A) 95

C 73 99 … 151: (E) 124, (A) 125, (I) 126

D 30 120 … 300: (N) 210, (S) 200, (D) 220

E 99 87 … 63: (S) 75, (F) 74, (G) 76

Lösungswort:

A	B	C	D	E

Donnerstag erledigt □ kontrolliert □

Beachte die Lösungsvorschläge und berechne in Stunden (h), Minuten (min) oder Sekunden (s) um. Die Buchstaben der richtigen Lösungen ergeben das Lösungswort.

A) 235 min
- 3 h 35 min (S)
- 3 h 45 min (F)
- 3 h 55 min (K)

B) 320 min
- 5 h 20 min (A)
- 4 h 50 min (O)
- 5 h 10 min (W)

C) 6 min 5 s
- 305 s (S)
- 365 s (T)
- 425 s (W)

D) 11 min
- 630 s (S)
- 580 s (F)
- 660 s (Z)

E) 200 min
- 3 h 10 min (S)
- 3 h 20 min (E)
- 2 h 50 min (W)

F) 2 min 9 s
- 69 s (S)
- 129 s (N)
- 189 s (W)

Lösungswort:

A	B	C	D	E	F

Freitag erledigt □ kontrolliert □

Handelt es sich um ein Würfelnetz, ein Quadernetz oder keins von beiden? Kreuze an.

A)

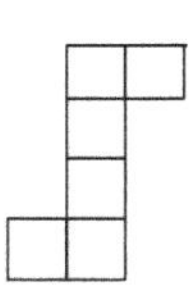

- O Würfelnetz
- O Quadernetz
- O weder noch

B)

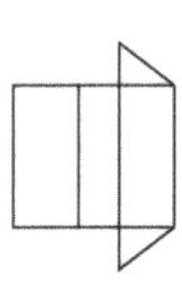

- O Würfelnetz
- O Quadernetz
- O weder noch

C)

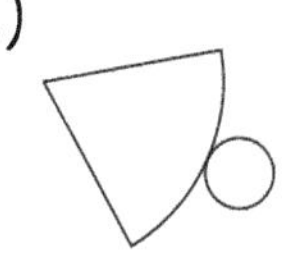

- O Würfelnetz
- O Quadernetz
- O weder noch

Name: ____________________ Klasse: ______ Wochenplan Nr. _____ Abgabe am: ______________

Montag
erledigt ☐ kontrolliert ☐

Rechne die Aufgaben aus und schreibe die Lösungen unter die Aufgaben.

A)

	1	5	6
+	4	3	2

B)

	2	5	1
+	6	3	4

C)

	4	2	5
+	5	3	4

D)

	1	4	5
+	3	5	2

E)

	6	3	7
+	2	6	1

F)

	5	2	3
+	2	5	6

G)

	2	3	6
+	6	5	3

H)

	5	1	4
+	3	3	5

Dienstag
erledigt ☐ kontrolliert ☐

Dividiere die Zahlen. Aus den Kennbuchstaben der richtigen Lösungen ergibt sich ein Lösungswort.

A) **85 : 9**
8 R 4 (G)
9 R 4 (K)
7 R 4 (M)

B) **50 : 7**
9 R 2 (O)
6 R 8 (S)
7 R 1 (A)

C) **26 : 8**
3 R 2 (T)
4 R 1 (N)
2 R 5 (F)

D) **68 : 8**
8 R 4 (I)
9 R 6 (S)
7 R 2 (J)

E) **47 : 5**
9 R 1 (G)
9 R 4 (C)
9 R 2 (N)

F) **19 : 2**
8 R 1 (H)
9 R 1 (K)
7 R 1 (L)

G) **47 : 4**
11 R 3 (A)
12 R 1 (S)
11 R 2 (V)

Lösungswort:

A	B	C	D	E	F	G

Mittwoch
erledigt ☐ kontrolliert ☐

Entscheide, ob die beiden Geraden senkrecht aufeinander stehen oder parallel verlaufen.

A)

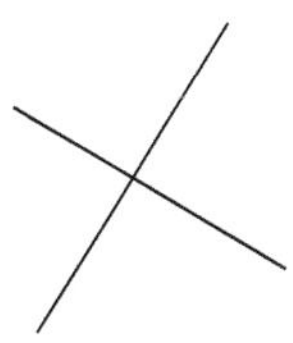

O parallel
O senkrecht

B)

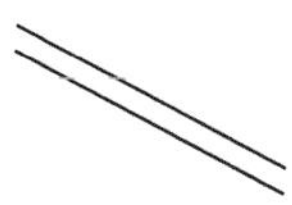

O parallel
O senkrecht

C)

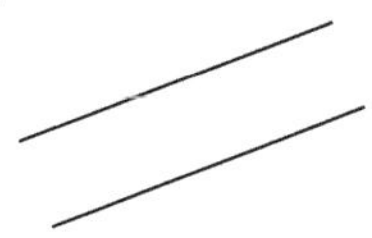

O parallel
O senkrecht

D)

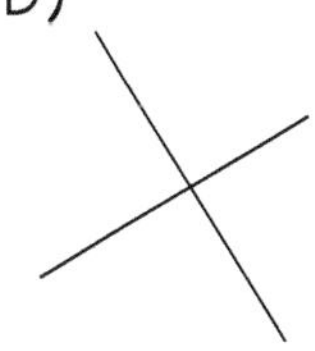

O parallel
O senkrecht

E)

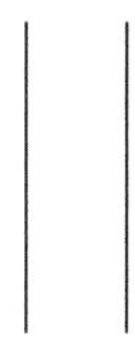

O parallel
O senkrecht

Donnerstag
erledigt ☐ kontrolliert ☐

Kreuze das Hohlmaß an, das den gleichen Wert wie vorher angibt. Die Buchstaben zur richtigen Lösung ergeben das Lösungswort.

A) 2 l 20 ml
2020 ml (F)
2200 ml (L)
2002 ml (T)

B) 8250 ml
8 l 25 ml (O)
8 l 250 ml (L)
8 l 520 ml (T)

C) 9 l 5 ml
9500 ml (D)
9050 ml (L)
9005 ml (O)

D) 3075 ml
3 l 75 ml (C)
3 l 750 ml (L)
3 l 57 ml (T)

E) 1005 ml
1 l 500 ml (D)
1 l 50 ml (L)
1 l 5 ml (K)

F) 7 l 125 ml
7125 ml (E)
7152 ml (L)
7521 ml (T)

Lösungswort:

A	B	C	D	E	F

Freitag
erledigt ☐ kontrolliert ☐

Kreuze den Namen des abgebildeten Körpers an.

A)

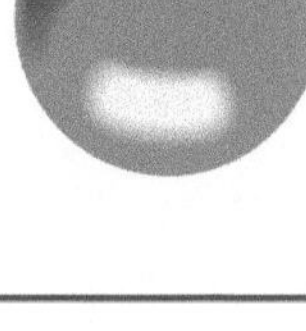

O Kugel
O Kegel
O Quader

B)

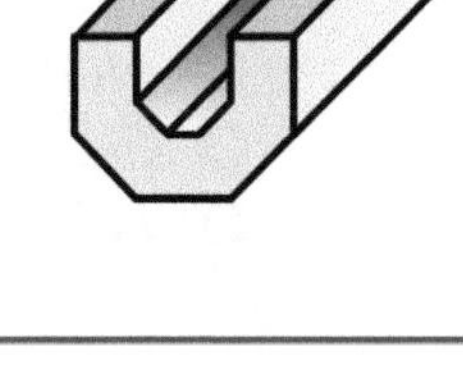

O Quader
O Pyramide
O Prisma

C)

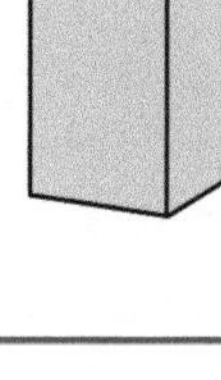

O Quader
O Zylinder
O Würfel

KOHL VERLAG WOCHENPLAN MATHEMATIK / Klasse 3 – Bestell-Nr. 11 399

Name: ______________________ Klasse: ______ Wochenplan Nr. _____ Abgabe am: ______________

Montag erledigt ☐ kontrolliert ☐

Vervollständige die Plustreppen so, dass zwei Zahlen in Feldern, die nebeneinander stehen, zusammengezählt immer die Zahl im oberen Nachbarfeld ergeben.

A)

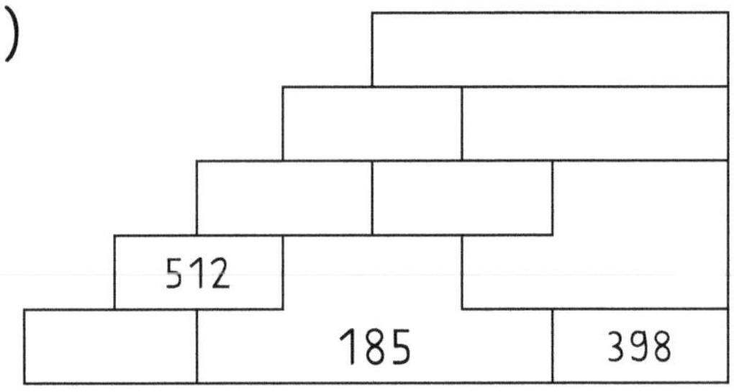

B)

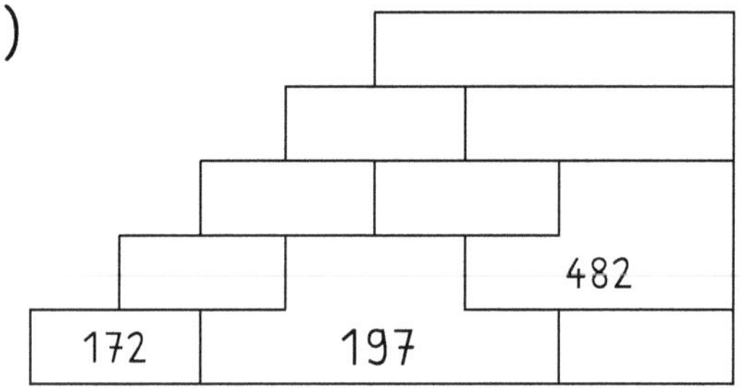

Dienstag erledigt ☐ kontrolliert ☐

Multipliziere die Zahlen miteinander. Aus den Kennbuchstaben der richtigen Lösungen ergibt sich das Lösungswort.

A) **35 · 20**
900 (B)
800 (E)
700 (M)

B) **15 · 80**
1200 (O)
1100 (G)
1300 (A)

C) **80 · 25**
2200 (O)
2000 (N)
1800 (E)

D) **35 · 60**
2100 (T)
2200 (N)
1900 (V)

E) **45 · 30**
1450 (W)
1250 (Z)
1350 (A)

F) **70 · 15**
1150 (N)
1050 (G)
950 (Z)

Lösungswort:

A	B	C	D	E	F

Mittwoch erledigt ☐ kontrolliert ☐

Kreuze den richtigen Geldbetrag an, der in der Stellenwerttafel angegeben ist. Aus den Kennbuchstaben der richtigen Lösungen ergibt sich ein Lösungswort.

Lösungswort:

A	B	C	D	E	F

	€	ct			
A	15	02	15,02 € (M)	12,05 € (D)	10,52 € (B)
B	02	45	4,25 € (H)	2,45 € (O)	5,24 € (U)
C	12	12	21,21 € (S)	12,21 € (K)	12,12 € (R)
D	17	20	20,17 € (R)	17,20 € (A)	12,70 € (T)
E	35	00	53,00 € (I)	50,30 € (Z)	35,00 € (S)
F	28	19	28,19 € (T)	29,18 € (D)	21,89 € (V)

Donnerstag erledigt ☐ kontrolliert ☐

Miss die Strecken und vergleiche deine Messung mit den Lösungen.

A)  7,5 cm (U) 7 cm (T) 6,8 cm (B)

B)  5,3 cm (I) 5,5 cm (K) 4,9 cm (D)

C)  4,1 cm (G) 3,5 cm (P) 3,8 cm (M)

Lösungswort:

A	B	C

Freitag erledigt ☐ kontrolliert ☐

Kreuze den Körper an, den du in den Abbildungen entdeckst. Aus den Kennbuchstaben der richtigen Antworten ergibt sich ein Lösungswort.

H	Zylinder
M	Pyramide

Ü	Kugel
A	Prisma

S	Quader
E	Würfel

E	Kegel
L	Zylinder

I	Kegel
G	Zylinder

A	B	C	D	E

KOHL VERLAG WOCHENPLAN MATHEMATIK / Klasse 3 – Bestell-Nr. 11 399

Name: ______________________ Klasse: ______ Wochenplan Nr. _____ Abgabe am: ______________

Montag
erledigt ☐
kontrolliert ☐

Rechne die Aufgaben aus und schreibe die Lösungen in die freien Felder.

A	630 - 270 =	
B	920 - 350 =	
C	810 - 570 =	
D	740 - 390 =	
E	610 - 220 =	
F	760 - 390 =	

G	720 - 290 =	
H	810 - 270 =	
I	650 - 470 =	
J	720 - 380 =	
K	660 - 280 =	
L	850 - 390 =	

Dienstag
erledigt ☐
kontrolliert ☐

Übertrage die Kettenaufgaben aus der Tabelle in die freien Felder und rechne sie im Kopf aus.

+	35	59	86	97	-
82	J		B	H	32
93		F	L	D	
65	G	I	A		47
57	C		E	K	

A	65 + 86 - 47 = 104	B	82 + 86 =
C	57 + =	D	
E		F	
G		H	
I		J	
K		L	

Mittwoch
erledigt ☐
kontrolliert ☐

Du hast vor jeder Rechnung 2,50 € in deinem Geldbeutel. Du bekommst jedes Mal ein wenig Geld dazu. Kreuze an, wie viel Geld du anschließend hast. Die Buchstaben hinter den Lösungen ergeben das Lösungswort.

A) € 1,90 € 3,50
- € 7,80 (M)
- € 7,90 (S)
- € 8,00 (P)

B) € 1,70 € 2,90
- € 7,40 (I)
- € 7,30 (A)
- € 7,10 (O)

C) € 3,60 € 1,10
- € 7,20 (D)
- € 7,30 (L)
- € 7,00 (P)

D) € 0,80 € 1,90
- € 5,30 (Z)
- € 5,90 (M)
- € 5,20 (A)

Lösungswort:

A	B	C	D

Donnerstag
erledigt ☐
kontrolliert ☐

Spiegele jeweils an der gekennzeichneten Achse. Du kannst dein Bild farbig ausmalen.

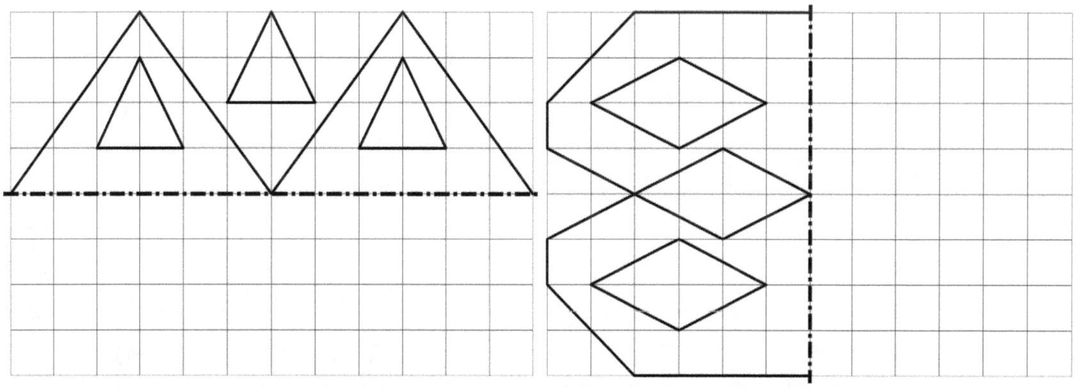

Freitag
erledigt ☐
kontrolliert ☐

Löse alle Aufgaben im Kopf und schreibe die Lösungen in die freien Felder.

A	600 -		= 343
B	600 -		= 485
C	600 -		= 354
D	600 -		= 276
E	600 -		= 239
F	600 -		= 175

G	700 -		= 474
H	700 -		= 513
I	700 -		= 462
J	700 -		= 347
K	700 -		= 314
L	700 -		= 568

Name: ______________________ Klasse: ______ Wochenplan Nr. _____ Abgabe am: ______________

Montag erledigt ☐ kontrolliert ☐

Löse alle Aufgaben im Kopf und schreibe die Lösungen in die freien Felder.

A	343 +		= 600
	255 +		= 600
	168 +		= 600
	293 +		= 600

B	294 +		= 700
	487 +		= 700
	372 +		= 700
	267 +		= 700

C	189 +		= 800
	421 +		= 800
	596 +		= 800
	369 +		= 800

Dienstag erledigt ☐ kontrolliert ☐

Subtrahiere die Zahlen. Aus den Kennbuchstaben der richtigen Lösungen ergibt sich ein Lösungswort.

A)

	5	7	9
-	1	2	4

☐345 (F)
☐435 (A)
☐455 (R)

B)

	8	3	6
-	4	1	5

☐421 (O)
☐411 (G)
☐431 (Z)

C)

	5	7	6
-	1	3	4

☐342 (L)
☐442 (S)
☐432 (P)

D)

	7	8	4
-	3	2	3

☐461 (I)
☐451 (S)
☐361 (K)

E)

	8	6	1
-	5	2	1

☐440 (D)
☐350 (T)
☐340 (N)

F)

	6	4	5
-	5	3	2

☐103 (F)
☐113 (E)
☐123 (R)

Lösungswort:

A	B	C	D	E	F

Mittwoch erledigt ☐ kontrolliert ☐

Kreuze die richtigen Zehnervorgänger und Zehnernachfolger an. Aus den Kennbuchstaben der Lösungen ergibt sich ein Lösungswort.

A) **457**
(H) 300 (M) 460
(B) 360 (O) 400
(A) 450 (E) 370

B) **615**
(A) 610 (N) 900
(B) 500 (F) 800
(S) 700 (Z) 620

C) **749**
(G) 720 (N) 800
(O) 740 (F) 900
(N) 750 (E) 760

D) **862**
(G) 600 (V) 890
(A) 860 (L) 880
(L) 850 (S) 870

Lösungswort:

A		B		C		D	

Donnerstag erledigt ☐ kontrolliert ☐

Zeichne das Muster weitere sechsmal. Du kannst dein Bild farbig ausmalen.

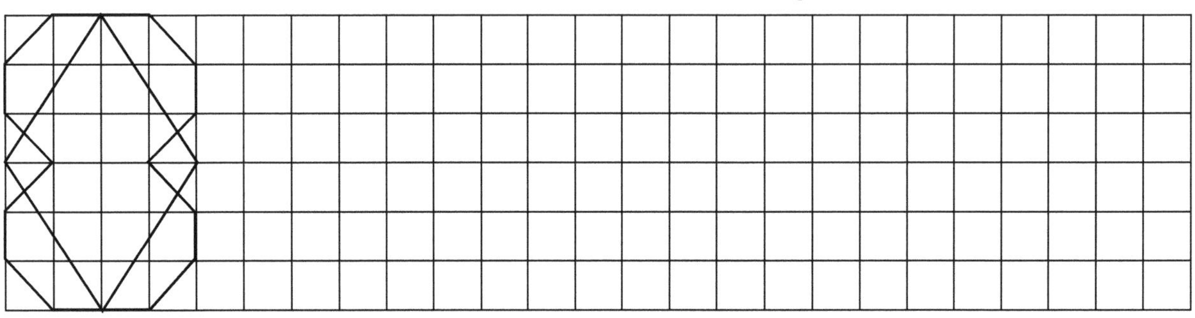

Freitag erledigt ☐ kontrolliert ☐

Entscheide, ob die beiden Geraden senkrecht aufeinander stehen oder parallel verlaufen. Die Buchstaben bei den richtigen Lösungen ergeben ein Lösungswort.

A)
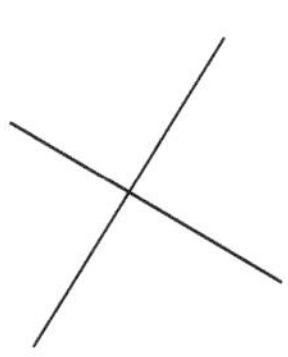
(L) parallel
(W) senkrecht
(E) weder noch

B)
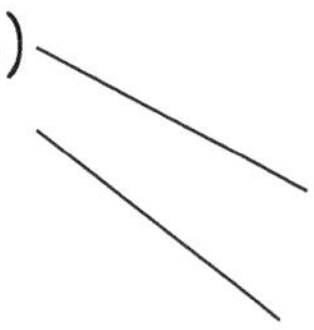
(Ö) parallel
(E) senkrecht
(U) weder noch

C)
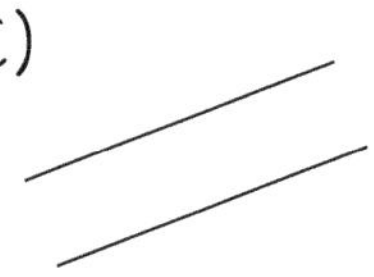
(R) parallel
(W) senkrecht
(S) weder noch

D)

(N) parallel
(E) senkrecht
(S) weder noch

E)

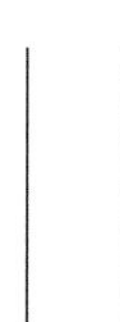

(T) parallel
(R) senkrecht
(K) weder noch

A	B	C	D	E

Name: ____________ Klasse: ______ Wochenplan Nr. _____ Abgabe am: ____________

Montag erledigt ☐ kontrolliert ☐

Rechne jede Aufgabe im Kopf aus. Verbinde die Aufgabe mit der zugehörigen Lösungszahl.

A) 273 + 59 = — 322 / 332 / 321

B) 743 + 78 = — 821 / 812 / 801

C) 546 + 89 = — 625 / 645 / 635

D) 819 + 93 = — 912 / 902 / 892

Dienstag erledigt ☐ kontrolliert ☐

Setze die Zahlen so in die Zahlenmauer ein, dass zwei Zahlen, die nebeneinander stehen, zusammengezählt immer die Zahl darüber ergeben. Löse die Aufgabe zunächst auf einem Zettel oder im Heft und übertrage dann deine Lösung in diese Zahlenmauer.

	98				
56		30	106	29	55

Mittwoch erledigt ☐ kontrolliert ☐

Kreuze die richtig gerundete Zahl an. Aus den Kennbuchstaben der richtigen Lösung ergibt sich ein Lösungswort.

A	149	B	751	C	837	D	761	E	97	F	260
S	100	C	800	S	900	T	600	E	0	E	300
F	200	E	700	R	700	E	800	T	200	N	400
K	300	A	900	H	800	L	900	R	100	G	200

Lösungswort:

A	B	C	D	E	F

Donnerstag erledigt ☐ kontrolliert ☐

Entscheide, ob die beiden Geraden senkrecht aufeinander stehen oder parallel verlaufen. Die Buchstaben bei den richtigen Lösungen ergeben ein Lösungswort.

A) B) C) D) E)

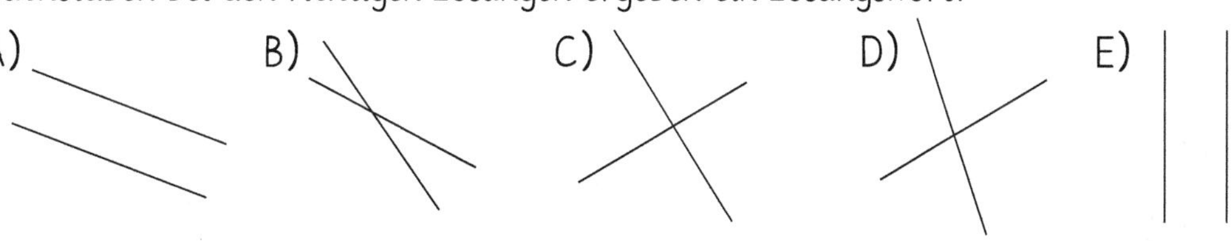

A) Ⓚ parallel, Ⓨ senkrecht, Ⓔ weder noch

B) Ⓞ parallel, Ⓔ senkrecht, Ⓤ weder noch

C) Ⓚ parallel, Ⓝ senkrecht, Ⓢ weder noch

D) Ⓝ parallel, Ⓔ senkrecht, Ⓢ weder noch

E) Ⓣ parallel, Ⓡ senkrecht, Ⓝ weder noch

A	B	C	D	E

Freitag erledigt ☐ kontrolliert ☐

Kreuze das Gewicht an, das den gleichen Wert wie vorher angibt. Die Buchstaben zur richtigen Lösung ergeben das Lösungswort.

A) 2 t 70 kg
- 2700 kg (H)
- 2070 kg (G)
- 2007 kg (S)

B) 3550 kg
- 35 t 50 kg (R)
- 3 t 55 kg (C)
- 3 t 550 kg (O)

C) 1 kg 5 g
- 1005 g (B)
- 1500 g (H)
- 1050 g (Ü)

D) 2003 g
- 2 kg 300 g (T)
- 2 kg 30 g (L)
- 2 kg 3 g (E)

E) 7 t 236 kg
- 7623 kg (H)
- 7236 kg (L)
- 7362 kg (A)

F) 5060 g
- 5 kg 6 g (G)
- 5 kg 60 g (I)
- 5 kg 600 g (M)

G) 18050 kg
- 18 t 500 kg (D)
- 18 t 5 kg (L)
- 18 t 50 kg (N)

Lösungswort:

A	B	C	D	E	F	G

KOHL VERLAG WOCHENPLAN MATHEMATIK / Klasse 3 – Bestell-Nr. 11 399

Name: ______________________ Klasse: ______ Wochenplan Nr. _____ Abgabe am: ______________

Montag erledigt ☐ kontrolliert ☐

Rechne die Aufgaben aus und schreibe die Lösungen in die freien Felder.

A	537 - 139 =	
B	921 - 376 =	
C	812 - 423 =	
D	741 - 373 =	
E	614 - 227 =	
F	763 - 398 =	

G	726 - 298 =	
H	812 - 276 =	
I	655 - 479 =	
J	724 - 385 =	
K	667 - 289 =	
L	851 - 393 =	

Dienstag erledigt ☐ kontrolliert ☐

Subtrahiere die Zahlen. Aus den Kennbuchstaben der richtigen Lösungen ergibt sich ein Lösungswort.

A

	5	1	3
-	2	2	4

☐279 (F)
☐389 (A)
☐289 (R)

B

	8	3	4
-	4	7	5

☐359 (E)
☐349 (G)
☐249 (Z)

C

	5	2	1
-	1	3	4

☐287 (L)
☐387 (I)
☐397 (P)

D

	7	3	5
-	3	7	8

☐357 (H)
☐347 (S)
☐257 (K)

E

	8	4	1
-	5	5	6

☐275 (D)
☐285 (E)
☐185 (N)

F

	6	0	4
-	2	8	7

☐327 (F)
☐217 (E)
☐317 (R)

Lösungswort:

A	B	C	D	E	F

Mittwoch erledigt ☐ kontrolliert ☐

Dividiere die Zahlen. Aus den Kennbuchstaben der richtigen Lösungen ergibt sich ein Lösungswort.

A **99 : 9**
11 (S)
12 (T)
13 (Z)

B **60 : 5**
13 (O)
11 (I)
12 (T)

C **91 : 7**
12 (C)
13 (A)
14 (R)

D **84 : 12**
8 (O)
9 (H)
7 (D)

E **96 : 6**
16 (I)
15 (T)
17 (K)

F **72 : 8**
7 (G)
9 (O)
8 (N)

G **75 : 15**
6 (P)
4 (D)
5 (N)

Lösungswort:

A	B	C	D	E	F	G

Donnerstag erledigt ☐ kontrolliert ☐

Sind diese Verkehrszeichen alle achsensymmetrisch? Die Buchstaben der richtigen Lösungen ergeben das Lösungswort.

☐ja (H)
☐nein (F)

☐ja (A)
☐nein (U)

☐ja (H)
☐nein (M)

☐ja (N)
☐nein (D)

Lösungswort:

A	B	C	D

Freitag erledigt ☐ kontrolliert ☐

Miss die Strecken und vergleiche deine Messung mit den Lösungen.

A)
B)
C)

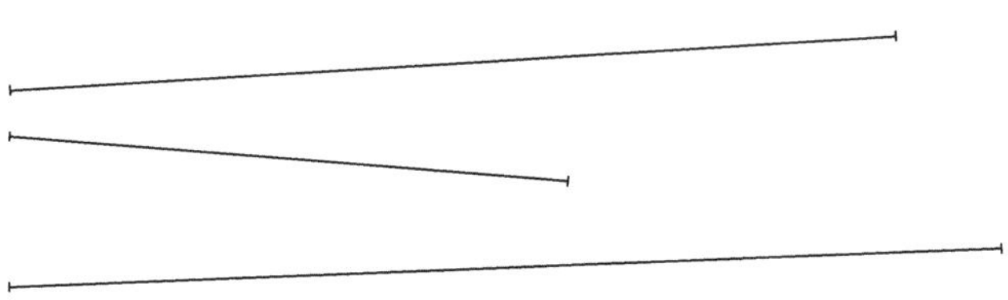

8,0 cm (U) 7,9 cm (T) 7,6 cm (B)
4,8 cm (A) 4,5 cm (K) 5,2 cm (D)
8,1 cm (G) 8,5 cm (D) 8,8 cm (M)

Lösungswort:

A	B	C

KOHL VERLAG WOCHENPLAN MATHEMATIK / Klasse 3 – Bestell-Nr. 11 399

Name: ______________________ Klasse: ______ Wochenplan Nr. _____ Abgabe am: ______________

Montag erledigt ☐ kontrolliert ☐

Addiere die Zahlen. Aus den Kennbuchstaben der richtigen Lösungen ergibt sich ein Lösungswort.

A

	3	3	9
+	4	7	5

☐ 721 (H)
☐ 731 (S)
☐ 814 (W)

B

	4	8	3
+	3	5	8

☐ 841 (I)
☐ 743 (U)
☐ 843 (A)

C

	1	5	6
+	3	7	2

☐ 739 (G)
☐ 528 (C)
☐ 639 (W)

D

	6	1	8
+	2	4	9

☐ 832 (R)
☐ 822 (L)
☐ 867 (H)

E

	4	3	7
+	3	6	6

☐ 803 (T)
☐ 856 (L)
☐ 766 (G)

Lösungswort:

A	B	C	D	E

Dienstag erledigt ☐ kontrolliert ☐

Rechne die Aufgaben aus und verbinde die Aufgaben mit den zugehörigen Lösungen.

A	7 • 80 + 40 =	650
B	9 • 70 + 20 =	620
C	8 • 60 + 70 =	600
D	6 • 90 + 70 =	550
E	8 • 70 + 60 =	610

Mittwoch erledigt ☐ kontrolliert ☐

Zeichne das Muster weiter. Du kannst dein Bild farbig ausmalen.

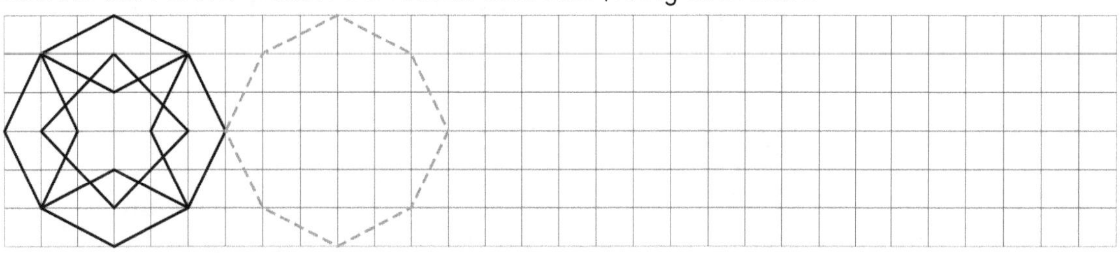

Donnerstag erledigt ☐ kontrolliert ☐

Kreuze das Hohlmaß an, das den gleichen Wert wie vorher angibt. Die Buchstaben zur richtigen Lösung ergeben das Lösungswort.

A) 2 l 10 ml
2010 ml (R)
2100 ml (L)
2001 ml (T)

B) 1720 ml
1 l 72 ml (D)
1 l 720 ml (I)
1 l 270 ml (T)

C) 5006 ml
5 l 6 ml (E)
5 l 60 ml (L)
6 l 600 ml (O)

D) 2100 ml
2 l 10 ml (C)
2 l 1 ml (L)
2 l 100 ml (G)

E) 3080 ml
3 l 80 ml (E)
3 l 8 ml (L)
3 l 800 ml (K)

F) 5 l 700 ml
5007 ml (E)
5700 ml (L)
5070 ml (T)

Lösungswort:

A	B	C	D	E	F

Freitag erledigt ☐ kontrolliert ☐

Handelt es sich um ein Würfelnetz, ein Quadernetz oder keins von beiden? Kreuze an.

A)

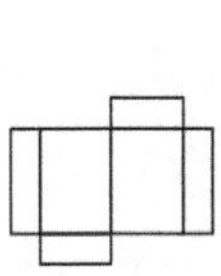

O Würfelnetz
O Quadernetz
O weder noch

B)

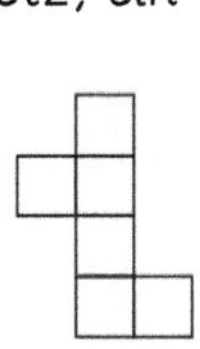

O Würfelnetz
O Quadernetz
O weder noch

C)

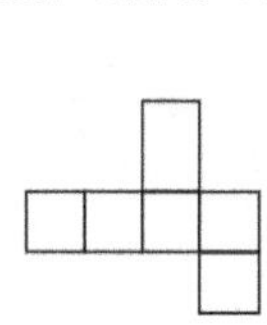

O Würfelnetz
O Quadernetz
O weder noch

KOHL VERLAG WOCHENPLAN MATHEMATIK / Klasse 3 – Bestell-Nr. 11 399

Name: ______________ Klasse: ______ Wochenplan Nr. _____ Abgabe am: ______________

Montag erledigt ☐ kontrolliert ☐

Rechne jede Aufgabe im Kopf aus. Verbinde die Aufgabe mit der zugehörigen Lösungszahl.

A) 231-95 = → 126 / 136 / 146

B) 741 - 78 = → 663 / 653 / 673

C) 516 - 89 = → 417 / 467 / 427

D) 812 - 93 = → 719 / 729 / 709

Dienstag erledigt ☐ kontrolliert ☐

Übertrage die Kettenaufgaben aus der Tabelle in die freien Felder und rechne sie im Kopf aus.

+	370	215	96	187	-
185	J		B	H	146
236		F	L	D	
310	G	I	A		139
289	C		E	K	

A	310 + 96 - 139 =	B	185 + 96 - =
C		D	
E		F	
G		H	
I		J	
K		L	

Mittwoch erledigt ☐ kontrolliert ☐

Kreuze die am Zahlenstrahl angezeigte Zahl an. Aus den Kennbuchstaben der Lösungen ergibt sich ein Lösungswort.

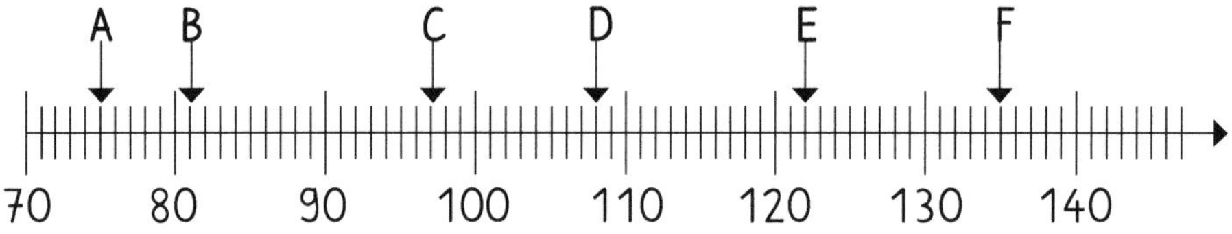

A) ☐73 (K) ☐74 (S) ☐75 (U)

B) ☐80 (H) ☐82 (N) ☐81 (O)

C) ☐97 (L) ☐95 (A) ☐96 (U)

D) ☐107 (G) ☐109 (N) ☐108 (D)

E) ☐122 (A) ☐121 (E) ☐123 (U)

F) ☐136 (H) ☐135 (T) ☐137 (N)

Lösungswort:

A	B	C	D	E	F

Donnerstag erledigt ☐ kontrolliert ☐

Welche Buchstaben haben eine senkrechte Symmetrieachse, welche eine waagerechte?

A) **T** — senkrecht (S), waagerecht (T), weder noch (B)

B) **D** — senkrecht (A), waagerecht (C), weder noch (T)

C) **G** — senkrecht (A), waagerecht (F), weder noch (H)

D) **E** — senkrecht (R), waagerecht (A), weder noch (E)

E) **A** — senkrecht (F), waagerecht (L), weder noch (K)

Lösungswort:

A	B	C	D	E

Freitag erledigt ☐ kontrolliert ☐

Miss die Strecken und vergleiche deine Messung mit den Lösungen.

A)
B)
C)

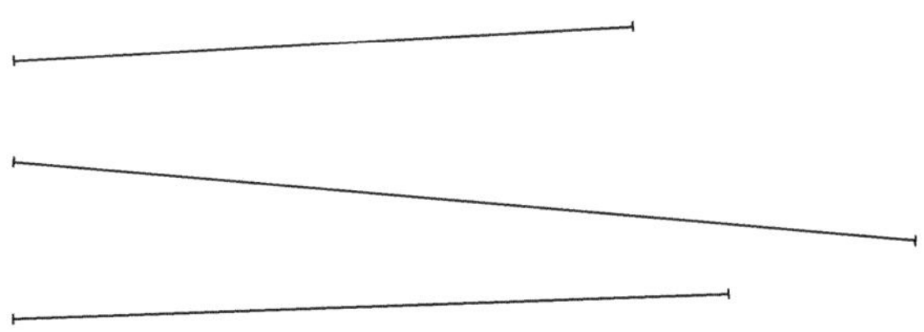

4,9 cm (U) 5,9 cm (T) 5,2 cm (W)

7,6 cm (A) 7,8 cm (K) 7,9 cm (D)

5,7 cm (G) 6,0 cm (L) 6,4 cm (M)

Lösungswort:

A	B	C

WOCHENPLAN MATHEMATIK / Klasse 3 – Bestell-Nr. 11 399
KOHL VERLAG

Name: ____________________ Klasse: ______ Wochenplan Nr. _____ Abgabe am: ______________

Montag erledigt ☐ kontrolliert ☐

Rechne die Aufgaben aus und schreibe die Lösungen in die freien Felder.

A	356 + 478 =	
B	264 + 578 =	
C	483 + 369 =	
D	174 + 457 =	
E	586 + 145 =	
F	453 + 148 =	

G	345 + 296 =	
H	654 + 186 =	
I	377 + 555 =	
J	346 + 375 =	
K	483 + 458 =	
L	566 + 179 =	

Dienstag erledigt ☐ kontrolliert ☐

Multipliziere die Zahlen miteinander. Aus den Kennbuchstaben der richtigen Lösungen ergibt sich das Lösungswort.

A) **34 • 200**
6800 (S)
4800 (E)
8400 (M)

B) **14 • 600**
880 (O)
7800 (G)
8400 (Ä)

C) **90 • 25**
2200 (O)
2250 (N)
1800 (E)

D) **40 • 125**
4500 (T)
5000 (F)
5800 (V)

E) **40 • 150**
6000 (T)
6250 (Z)
5000 (A)

F) **72 • 50**
1440 (N)
4800 (G)
3600 (E)

Lösungswort:

A	B	C	D	E	F

Mittwoch erledigt ☐ kontrolliert ☐

Dividiere die Zahlen. Aus den Kennbuchstaben der richtigen Lösungen ergibt sich ein Lösungswort.

A **85 : 5**
15 (B)
16 (D)
17 (E)

B **138 : 6**
23 (R)
22 (E)
24 (A)

C **68 : 4**
16 (R)
17 (O)
18 (L)

D **198 : 9**
21 (I)
22 (S)
23 (L)

E **121 : 11**
11 (I)
12 (K)
13 (N)

F **84 : 3**
26 (G)
27 (H)
28 (O)

G **84 : 7**
11 (A)
12 (N)
13 (Z)

Lösungswort:

A	B	C	D	E	F	G

Donnerstag erledigt ☐ kontrolliert ☐

Spiegele an der gekennzeichneten Achse. Du erhältst ein Wort. Wie heißt es?

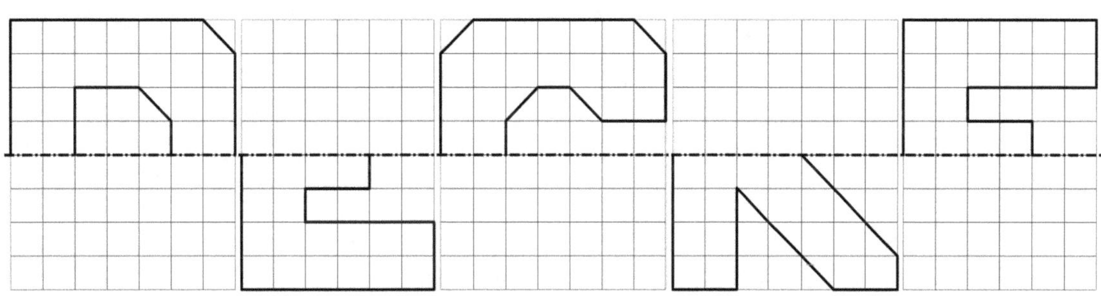

Freitag erledigt ☐ kontrolliert ☐

Frau Meier hat eingekauft. Was muss sie bezahlen?

A Betrag:	
1 Kopfsalat	1,15 €
6 Tomaten	1,53 €
Petersilie	0,65 €
Äpfel	2,29 €

B Betrag:	
Müsli	1,99 €
Leberkäse	1,69 €
Zitronen	0,99 €
Nektarinen	1,21 €

C Betrag:	
Kaffee	6,99 €
Leberkäse	1,69 €
Camembert	0,49 €
Zitronen	0,99 €

D Betrag:	
Camembert	0,49 €
Zitronen	0,99 €
Nektarinen	1,21 €
6 Tomaten	1,53 €

KOHL VERLAG Lernen mit Erfolg WOCHENPLAN MATHEMATIK / Klasse 3 – Bestell-Nr. 11 399

Name: ____________________ Klasse: ______ Wochenplan Nr. _____ Abgabe am: ______________

Montag
erledigt ☐ kontrolliert ☐

Subtrahiere die Zahlen. Aus den Kennbuchstaben der richtigen Lösungen ergibt sich ein Lösungswort.

A

	6	1	3
-	3	4	4

☐279 (B)
☐259 (S)
☐269 (I)

B

	9	3	5
-	4	3	6

☐499 (M)
☐509 (I)
☐489 (T)

C

	7	2	4
-	2	6	7

☐447 (A)
☐457 (K)
☐467 (E)

D

	8	1	7
-	5	4	9

☐268 (E)
☐258 (N)
☐278 (R)

E

	5	0	2
-	3	6	8

☐144 (S)
☐124 (E)
☐134 (R)

Lösungswort:

A	B	C	D	E

Dienstag
erledigt ☐ kontrolliert ☐

Rechne die Aufgaben aus und schreibe die Lösungen in die freien Felder unter den Aufgaben.

A 3 5 7 – kleinste Zahl mal größte Zahl minus mittlere Zahl

☐

B 1 4 6 – mittlere Zahl mal größte Zahl plus kleinste Zahl

☐

C 9 7 3 – größte Zahl mal mittlere Zahl minus kleinste Zahl

☐

D 4 7 8 – kleinste Zahl mal größte Zahl plus mittlere Zahl

☐

Mittwoch
erledigt ☐ kontrolliert ☐

Kreuze an, ob die Folgezahl größer, kleiner oder gleich ist. Aus den Kennbuchstaben der richtigen Lösung ergibt sich ein Lösungswort.

A 576 … 567: (B) > (G) < (H) =

B 119 … 119: (R) > (B) < (I) =

C 464 … 463: (R) > (A) < (T) =

D 356 … 365: (M) > (N) < (B) =

E 912 … 902: (E) > (D) < (M) =

Lösungswort:

A	B	C	D	E

Donnerstag
erledigt ☐ kontrolliert ☐

Bestimme die Uhrzeit. Die Buchstaben der richtigen Lösungen ergeben das Lösungswort.

A 23:22 – Wie spät ist es in 3 h 46 min?
☐03:12 (F)
☐02:58 (P)
☐03:08 (M)

B 17:03 – Wie spät ist es in 2 h 15 min?
☐19:18 (A)
☐19:28 (R)
☐19:08 (M)

C 08:57 – Wie spät ist es in 3 h 12 min?
☐12:12 (O)
☐12:09 (L)
☐12:08 (R)

D 10:38 – Wie spät ist es in 4 h 39 min?
☐15:17 (E)
☐14:58 (I)
☐15:08 (N)

E 20:07 – Wie spät ist es in 2 h 36 min?
☐22:40 (T)
☐22:43 (R)
☐22:41 (S)

A	B	C	D	E

Freitag
erledigt ☐ kontrolliert ☐

Miss die Strecken und vergleiche deine Messung mit den Lösungen.

A) ______________________

B) ______________________

C) ______________________

7,2 cm (A) 7,4 cm (T) 7,6 cm (W)

4,8 cm (A) 5,0 cm (K) 5,4 cm (S)

8,7 cm (T) 8,5 cm (L) 9,0 cm (M)

Lösungswort:

A	B	C

Name: ____________________ Klasse: ______ Wochenplan Nr. ____ Abgabe am: ______________

Montag
erledigt ☐ kontrolliert ☐

A) 59 — Immer 75 weiter

B) 42 — Immer 97 weiter

C) 169 — Immer 123 weiter

Dienstag
erledigt ☐ kontrolliert ☐

Ergänze die Rechendreiecke, indem du zwei benachbarte Zahlen im Dreieck addierst.

A) 67, 89, 68

B) 59, 78, 94

C) 93, 48, 85

D) 38, 75, 69

Mittwoch
erledigt ☐ kontrolliert ☐

Frau Meier geht einkaufen und hat den angegebenen Betrag in ihrem Geldbeutel. Kreuze an, wie viel Geld sie noch hat, wenn sie die in den Kästen gezeigten Beträge gezahlt hat. Die Buchstaben hinter den richtigen Lösungen ergeben das Lösungswort.

A) **€ 45,73**

€ 12,50 € 13,75

€ 19,28 (M)
€ 17,58 (F)
€ 19,48 (P)

B) **€ 70,92**

€ 37,43 € 29,90

€ 3,59 (R)
€ 3,49 (A)
€ 3,89 (O)

C) **€ 32,18**

€ 13,65 € 12,10

€ 5,83 (T)
€ 6,43 (A)
€ 7,13 (P)

D) **€ 61,57**

€ 40,80 € 11,23

€ 9,54 (G)
€ 8,14 (M)
€ 9,34 (A)

Lösungswort:

A	B	C	D

Donnerstag
erledigt ☐ kontrolliert ☐

Wie viel Zeit ist vergangen? Gib in Stunden und Minuten an.

A 14:34 15:52

B 12:21 17:03

C 04:34 08:52

D 11:07 12:59

Freitag
erledigt ☐ kontrolliert ☐

Miss die Strecken und vergleiche deine Messung mit den Lösungen. Aus den Kennbuchstaben der richtigen Lösungen ergibt sich das Lösungswort.

A) ______

B) ______________

C) ________________

D) ____________

2,4 cm (V) 1,9 cm (T) 2,7 cm (W)

5,2 cm (A) 4,8 cm (K) 5,4 cm (E)

5,5 cm (T) 5,9 cm (R) 6,2 cm (M)

3,7 cm (T) 4,2 cm (L) 3,9 cm (S)

Lösungswort:

A	B	C	D

KOHL VERLAG WOCHENPLAN MATHEMATIK / Klasse 3 – Bestell-Nr. 11 299

Name: ____________________ Klasse: ______ Wochenplan Nr. _____ Abgabe am: ______________

Montag
erledigt ☐ kontrolliert ☐

Rechne jede Aufgabe im Kopf aus. Verbinde die Aufgabe mit der zugehörigen Lösungszahl.

A) 695 + 87 = — 792 / 772 / 782

B) 789 + 58 = — 847 / 837 / 857

C) 558 + 74 = — 642 / 622 / 632

D) 495 + 87 = — 572 / 582 / 682

Dienstag
erledigt ☐ kontrolliert ☐

Rechne jede Aufgabe im Kopf aus. Verbinde die Aufgabe mit der zugehörigen Lösungszahl.

A) 818 - 97 = — 721 / 711 / 731

B) 763 - 79 = — 674 / 684 / 694

C) 616 - 87 = — 529 / 519 / 539

D) 451 - 72 = — 379 / 369 / 389

Mittwoch
erledigt ☐ kontrolliert ☐

Wie viele Würfel werden jeweils benötigt? Die Kennbuchstaben der richtigen Antworten ergeben ein Lösungswort.

22 (T)	8 (O)	9 (J)	21 (E)	14 (N)
20 (K)	10 (A)	8 (D)	20 (W)	11 (L)
21 (M)	9 (I)	7 (M)	22 (O)	13 (R)

Lösungswort:

A	B	C	D	E	F

Donnerstag
erledigt ☐ kontrolliert ☐

Mo	Di	Mi	Do	Fr	Sa	So
				1	2	3
4	5	6	7	8	9	10
11	12	13	14	15	16	17
18	19	20	21	22	23	24
25	26	27	28	29	30	

A) Heute ist der 9. September. Welches Datum ist 14 Tage später?

B) Heute ist der 7. November. Welches Datum ist 17 Tage später?

C) Heute ist der 5. April. Welches Datum ist 22 Tage später?

D) Heute ist der 2. Juni. Welches Datum ist 3 Wochen später?

Freitag
erledigt ☐ kontrolliert ☐

Bestimme die Anzahl der Kanten der abgebildeten Körper. Die Buchstaben der richtigen Lösungen ergeben das Lösungswort.

A) B) C) D) E) F)

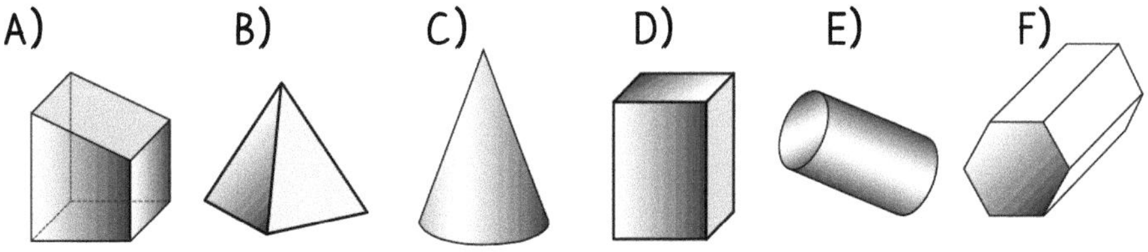

A)	B)	C)	D)	E)	F)
14 (L)	8 (A)	3 (Ü)	11 (S)	2 (I)	20 (L)
10 (B)	7 (O)	2 (N)	10 (D)	3 (S)	16 (N)
12 (M)	9 (R)	1 (D)	12 (R)	4 (O)	18 (D)

Lösungswort:

A	B	C	D	E	F

KOHL VERLAG WOCHENPLAN MATHEMATIK / Klasse 3 – Bestell-Nr. 11 399

Name: ____________________ Klasse: ______ Wochenplan Nr. _____ Abgabe am: ______________

Montag
erledigt ☐ kontrolliert ☐

Rechne die Aufgaben aus und schreibe die Lösungen unter die Aufgaben.

A

	2	6	7
+	3	5	9

B

	3	9	2
+	5	3	7

C

	3	5	5
+	1	6	9

D

	5	4	4
+	1	7	3

E

	1	7	8
+	1	4	6

F

	3	2	4
+	3	6	8

G

	3	8	5
+	3	6	4

H

	4	7	3
+	2	8	9

Dienstag
erledigt ☐ kontrolliert ☐

Ergänze die Rechenräder.

A)
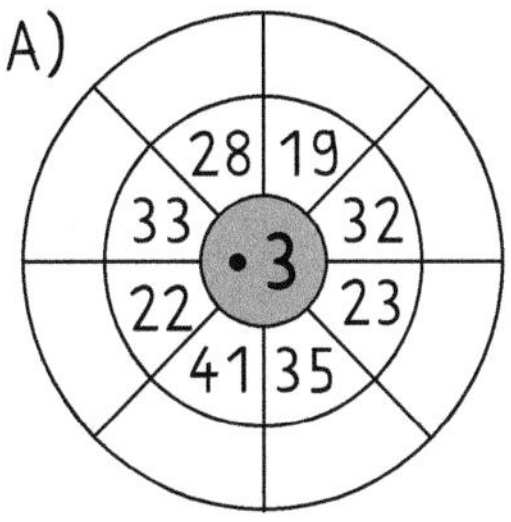

B)
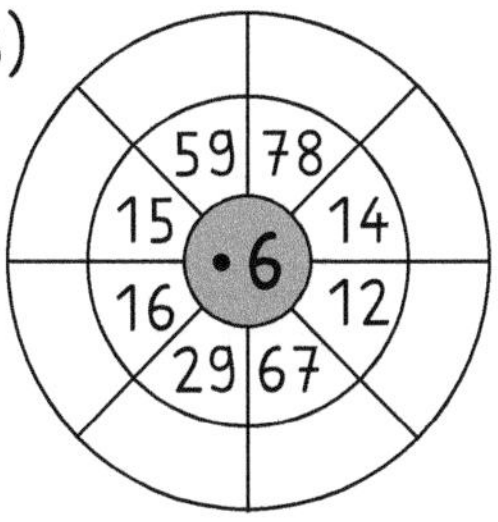

C)
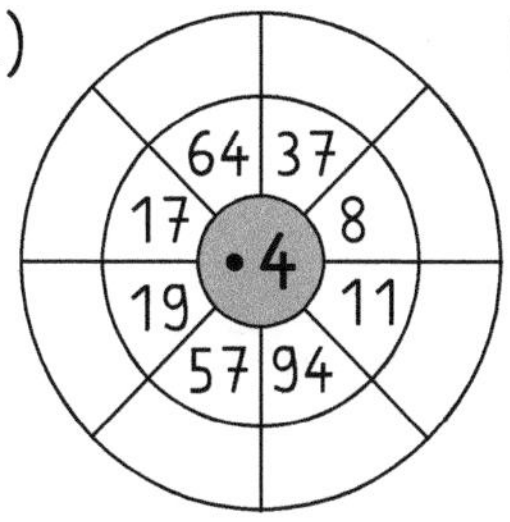

D)
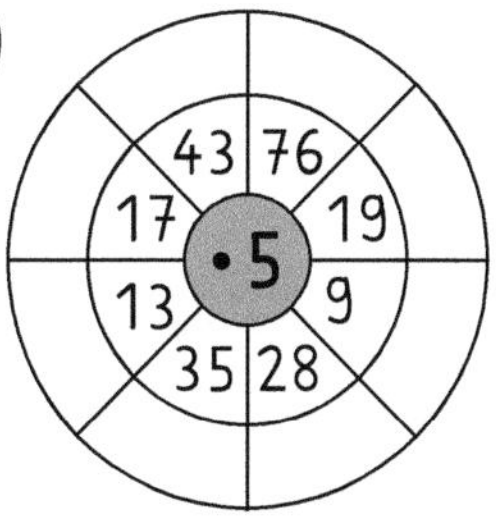

Mittwoch
erledigt ☐ kontrolliert ☐

Multipliziere und fülle die leeren Felder aus. Anschließend musst du die acht Ergebnisse addieren.

A)
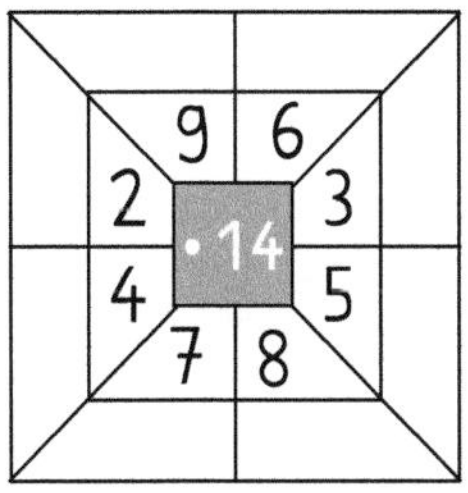

B)
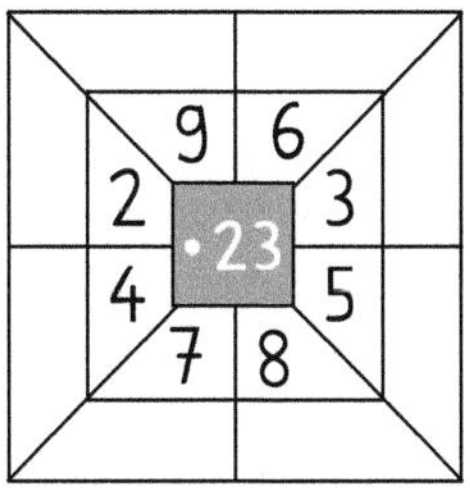

C)
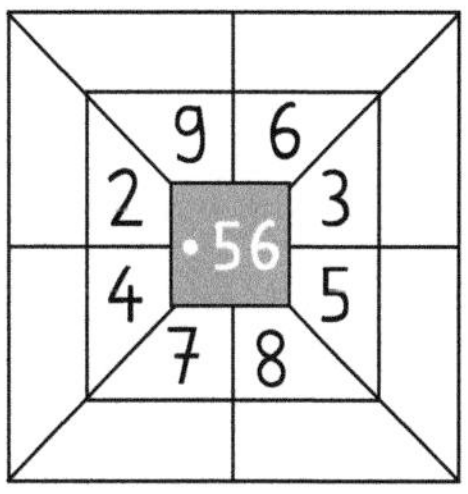

D)
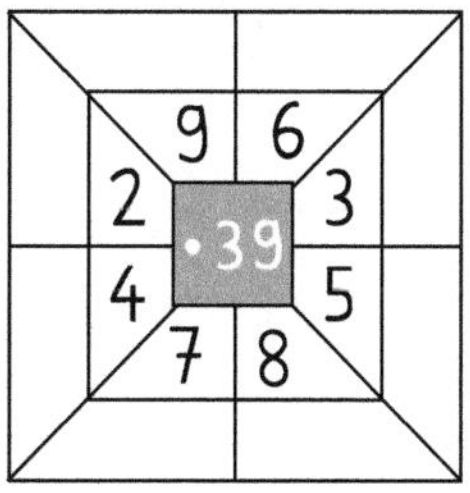

Endergebnis: Endergebnis: Endergebnis: Endergebnis:

Donnerstag
erledigt ☐ kontrolliert ☐

Ermittle, welche Zahl im ersten Feld steht.

A)
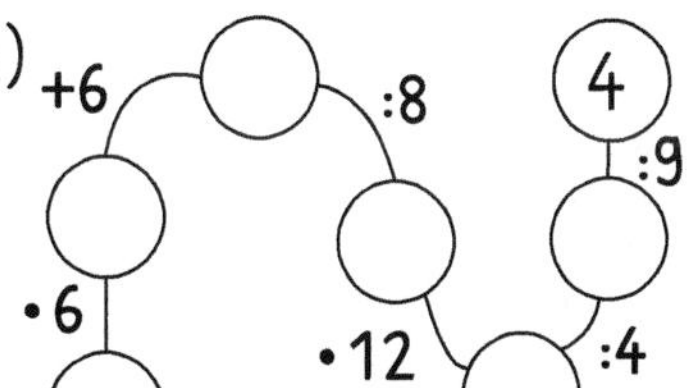

B)
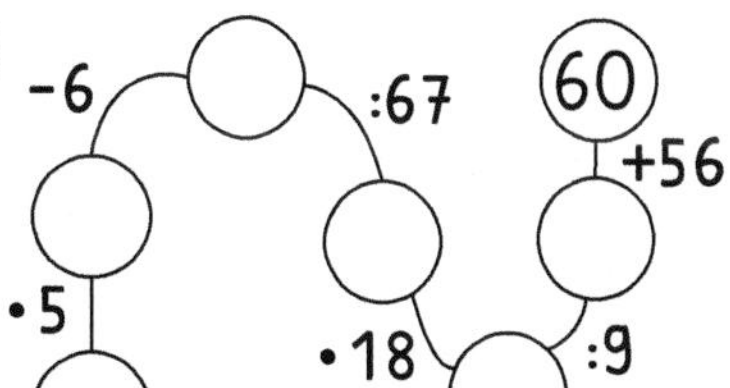

C)
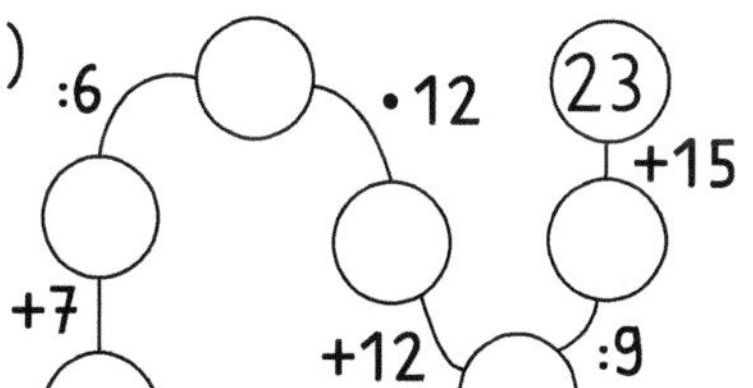

Freitag
erledigt ☐ kontrolliert ☐

Zeichne das Muster weiter. Du kannst dein Bild farbig ausmalen.

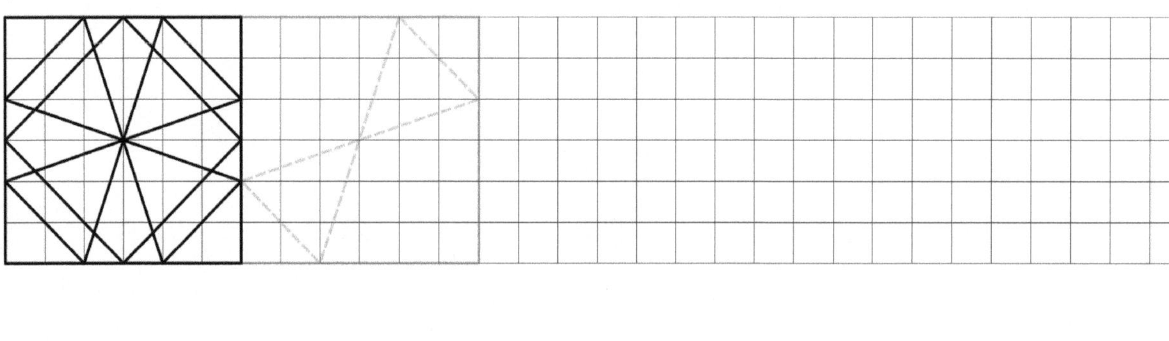

KOHL VERLAG Lernen mit Erfolg WOCHENPLAN MATHEMATIK / Klasse 3 – Bestell-Nr. 11 399

Name: ____________________ Klasse: ______ Wochenplan Nr. _____ Abgabe am: ______________

Montag erledigt ☐ kontrolliert ☐

Rechne die Aufgaben aus und schreibe die Lösungen in die freien Felder.

A	810 - 570 =	
B	730 - 580 =	
C	610 - 340 =	

D	940 - 550 =	
E	530 - 280 =	
F	410 - 150 =	

Dienstag erledigt ☐ kontrolliert ☐

Subtrahiere jeweils von der größeren die kleinere Zahl.

A) 913 | 486 | 324 | 259

B) 874 | 656 | 478 | 319

C) 772 | 389 | 245 | 123

Mittwoch erledigt ☐ kontrolliert ☐

Dividiere und schreibe den Rest dazu.

A)

:	12
62	
85	
131	

B)

:	9
67	
89	
112	

C)

:	8
27	
89	
113	

D)

:	7
85	
114	
143	

E)

:	5
72	
89	
103	

F)

:	11
87	
123	
199	

G)

:	13
67	
89	
142	

H)

:	6
127	
89	
154	

Donnerstag erledigt ☐ kontrolliert ☐

Berechne. Gib in Stunden und Minuten an.

A) Ein Bus startet um 9:30 Uhr und fährt bis 14:00 Uhr. Wie lange war er unterwegs?

B) Uwe fährt 1 h und 20 min mit dem Zug. Abfahrt war um 12:55 Uhr. Wann kommt er an?

C) Wie viel Zeit ist vergangen an diesem Vormittag?

Freitag erledigt ☐ kontrolliert ☐

Ergänze zum angegebenen Wert.

A)

1 l	
250 ml +	ml
573 ml +	ml
912 ml +	ml
175 ml +	ml

B)

2 l	
190 ml +	ml
650 ml +	ml
630 ml +	ml
250 ml +	ml

C)

700 ml	
190 ml +	ml
233 ml +	ml
470 ml +	ml
107 ml +	ml

D)

2 l 50 ml	
760 ml +	ml
800 ml +	ml
650 ml +	ml
910 ml +	ml

KOHL VERLAG Lernen mit Erfolg WOCHENPLAN MATHEMATIK / Klasse 3 – Bestell-Nr. 11 399

Name: ______________________ Klasse: ______ Wochenplan Nr. _____ Abgabe am: ______________

Montag
erledigt ☐ kontrolliert ☐

Addiere die Zahlen. Aus den Kennbuchstaben der richtigen Lösungen ergibt sich ein Lösungswort.

A)

	7	6	5
+	1	8	9

☐944 (H)
☐954 (Q)
☐934 (U)

B)

	5	5	8
+	2	7	3

☐831 (U)
☐821 (I)
☐841 (A)

C)

	2	7	4
+	3	9	8

☐682 (G)
☐672 (A)
☐662 (W)

D)

	5	8	7
+	2	2	6

☐823 (E)
☐803 (T)
☐813 (L)

E)

	4	3	2
+	3	6	9

☐791 (A)
☐801 (M)
☐811 (H)

Lösungswort:

A	B	C	D	E

Dienstag
erledigt ☐ kontrolliert ☐

Rechne die Aufgaben aus und schreibe die Lösungen in die freien Felder unter den Aufgaben.

A) 3 15 7 — kleinste Zahl mal größte Zahl minus mittlere Zahl ☐

B) 11 14 8 — mittlere Zahl mal größte Zahl plus kleinste Zahl ☐

C) 9 17 3 — größte Zahl mal mittlere Zahl minus kleinste Zahl ☐

D) 19 7 8 — größte Zahl mal mittlere Zahl minus kleinste Zahl ☐

Mittwoch
erledigt ☐ kontrolliert ☐

Ergänze die Rechendreiecke, indem du zwei benachbarte Zahlen im Dreieck addierst.

A) 53, 79, 86

B) 29, 67, 74

C) 47, 72, 98

D) 78, 65, 57

Donnerstag
erledigt ☐ kontrolliert ☐

Rechnen mit Geld

A) Anna kauft: Sie bezahlt mit:

50 Cent

Rückgeld? ☐

B) Kai kauft: Er bezahlt mit:

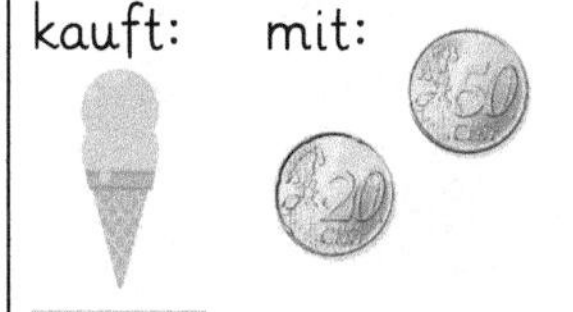

0,55 €

Rückgeld? ☐

C) Björn kauft: Er bezahlt mit:

8,10 €

Rückgeld? ☐

Freitag
erledigt ☐ kontrolliert ☐

Bestimme die Anzahl der Ecken der abgebildeten Körper. Die Buchstaben der richtigen Lösungen ergeben das Lösungswort.

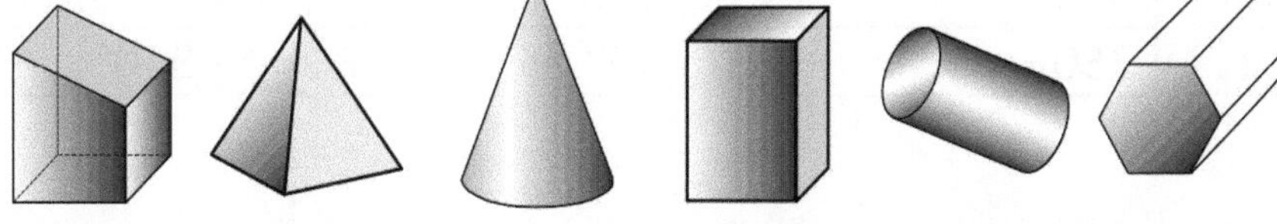

A	B	C	D	E	F
6 (L)	5 (A)	2 (Ü)	8 (A)	1 (I)	11 (L)
7 (B)	3 (O)	1 (N)	7 (D)	0 (M)	10 (N)
8 (P)	4 (R)	0 (D)	6 (R)	2 (O)	12 (A)

Lösungswort:

A	B	C	D	E	F

KOHL VERLAG WOCHENPLAN MATHEMATIK / Klasse 2 – Bestell-Nr. 11 299

Name: ______________________ Klasse: ______ Wochenplan Nr. _____ Abgabe am: ______________

Montag erledigt ☐ kontrolliert ☐

Rechne jede Aufgabe im Kopf aus. Verbinde die Aufgabe mit der zugehörigen Lösungszahl.

A) 342 - 87 = → 245 / 265 / 255

B) 604 - 86 = → 518 / 508 / 528

C) 511 - 55 = → 436 / 456 / 446

D) 710 - 96 = → 624 / 604 / 614

Dienstag erledigt ☐ kontrolliert ☐

Kreuze bei jeder Aufgabe an, welche Rechnung zur Lösung der Aufgabe führt. Übertrage dann die Zahlen in die leeren Felder und rechne die Aufgaben schriftlich aus.

A

	907 = 398 +				
☐	907 + 398 =				
☐	907 - 398 =				

B

	273 = - 475				
☐	475 + 273 =				
☐	475 - 273 =				

C

	564 + = 823				
☐	823 + 564 =				
☐	823 - 564 =				

D

	- 294 = 453				
☐	453 + 294 =				
☐	453 - 294 =				

Mittwoch erledigt ☐ kontrolliert ☐

Ergänze die Tabellen.

Figur	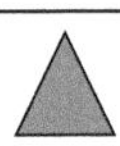
Name	
Anzahl der Seiten	
Anzahl der Ecken	

Figur	
Name	
Anzahl der Seiten	
Anzahl der Ecken	

Figur	
Name	
Anzahl der Seiten	
Anzahl der Ecken	

Figur	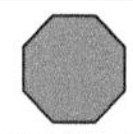
Name	
Anzahl der Seiten	
Anzahl der Ecken	

Donnerstag erledigt ☐ kontrolliert ☐

Welche Maßeinheit (t, kg, g, mg) würdest du für die abgebildeten Dinge wählen?

A

☐

B

☐

C

☐

D

☐

E
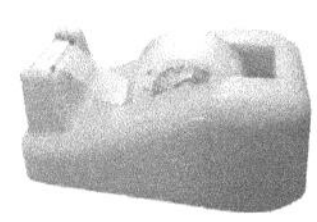
☐

Freitag erledigt ☐ kontrolliert ☐

Wie sehen die Baupläne für die einzelnen Würfelgebäude aus? Ergänze den Bauplan und bestimme die Anzahl der benötigten Würfel.

3	1		

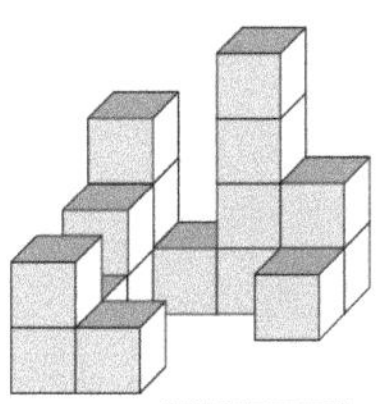
☐

4			
2			

☐

		3	2

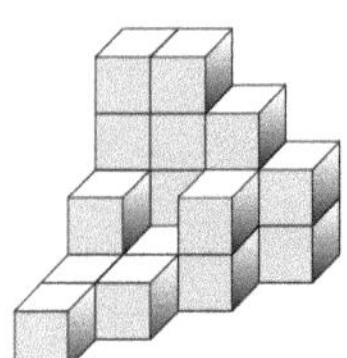
☐

1			
2			

☐

1	1		

☐

KOHL VERLAG WOCHENPLAN MATHEMATIK / Klasse 3 – Bestell-Nr. 11 399

Montag erledigt ☐ kontrolliert ☐

Schreibe die Zahlen untereinander und addiere.

A 19,5 + 15,7 B 16,8 + 27,9 C 14,3 + 35,8 D 29,7 + 15,4 E 37,2 + 25,9

Dienstag erledigt ☐ kontrolliert ☐

Löse alle Aufgaben im Kopf und schreibe die Lösungen in die freien Felder.

A	343 +		= 900
	255 +		= 900
	168 +		= 900
	293 +		= 900

B	294 +		= 800
	487 +		= 800
	372 +		= 800
	267 +		= 800

C	189 +		= 1000
	421 +		= 1000
	596 +		= 1000
	369 +		= 1000

Mittwoch erledigt ☐ kontrolliert ☐

Ermittle, welche Zahl im ersten Feld steht.

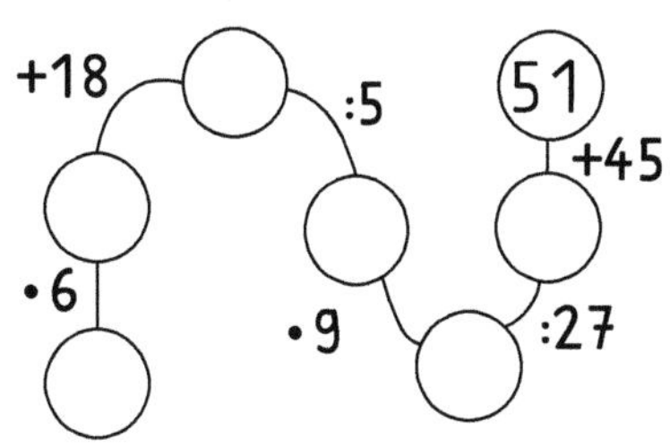

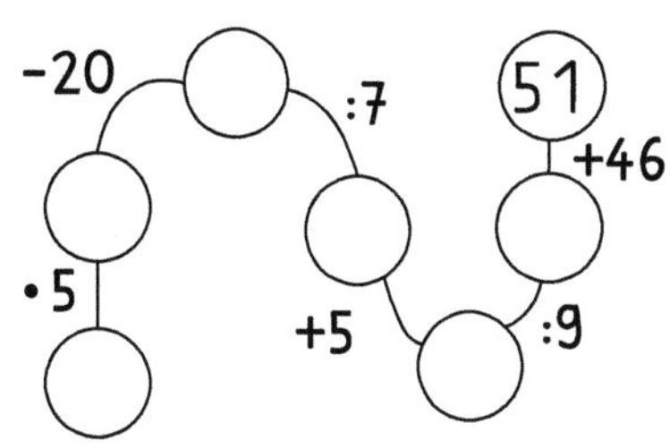

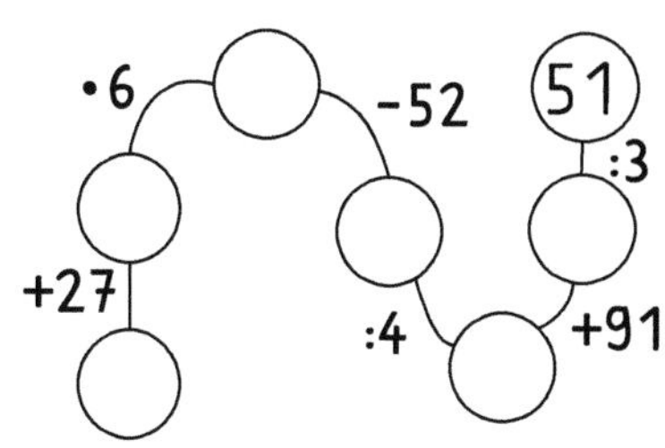

Donnerstag erledigt ☐ kontrolliert ☐

Berechne.

A) Ines sitzt von 14:16 Uhr bis 15:34 Uhr im Schulbus. Wie lange ist das?

B) Wie viel Zeit ist vergangen an diesem Abend?

C) Der Zug hatte 23 Minuten Verspätung und fuhr um 15:07 Uhr ab. Wann hätte er abfahren müssen?

D) Eine Zugfahrt dauert von 9:26 Uhr bis 12:48 Uhr. Wie lange ist das?

Freitag erledigt ☐ kontrolliert ☐

Sechs Restaurants bieten einen Mittagstisch an, bestehend aus Vorspeise, Hauptgericht und Nachtisch, den sich die Gäste selbst zusammenstellen können. Die Anzahl ist allerdings bei allen Restaurants unterschiedlich. Bestimme, wie viele verschiedene Speisefolgen sich ein Gast bestellen kann.

A **Zum lustigen Wirt**
3 Vorspeisen
4 Hauptgerichte
2 Desserts

B **Chez Louise**
3 Vorspeisen
5 Hauptgerichte
1 Dessert

C **Beim Heurigen**
2 Vorspeisen
2 Hauptgerichte
3 Desserts

D **Im alten Garten**
4 Vorspeisen
4 Hauptgerichte
4 Desserts

E **Haus Vielfraß**
1 Vorspeise
7 Hauptgerichte
4 Desserts

F **Am Grillspieß**
5 Vorspeisen
6 Hauptgerichte
3 Desserts

KOHL VERLAG Lernen mit Erfolg WOCHENPLAN MATHEMATIK / Klasse 3 ■ Bestell-Nr. 11 289

Name: ______________________ Klasse: _____ Wochenplan Nr. _____ Abgabe am: ______________

Montag erledigt ☐ kontrolliert ☐

Rechne jede Aufgabe im Kopf aus. Verbinde die Aufgabe mit der zugehörigen Lösungszahl.

A) 756 + 87 =   823 / 813 / 843

B) 756 + 89 =   855 / 845 / 835

C) 539 + 75 =   614 / 624 / 604

D) 518 + 86 =   604 / 704 / 594

Dienstag erledigt ☐ kontrolliert ☐

Ergänze die Rechendreiecke, indem du zwei benachbarte Zahlen miteinander multiplizierst.

A
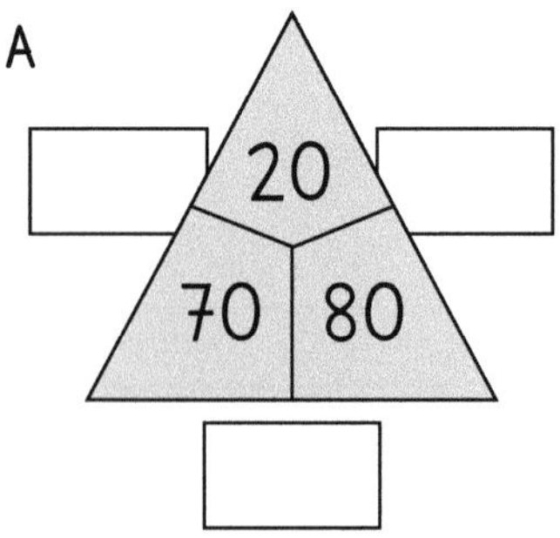

B
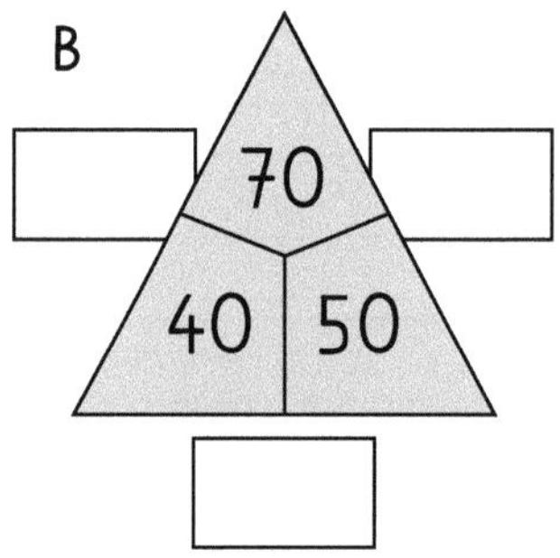

C
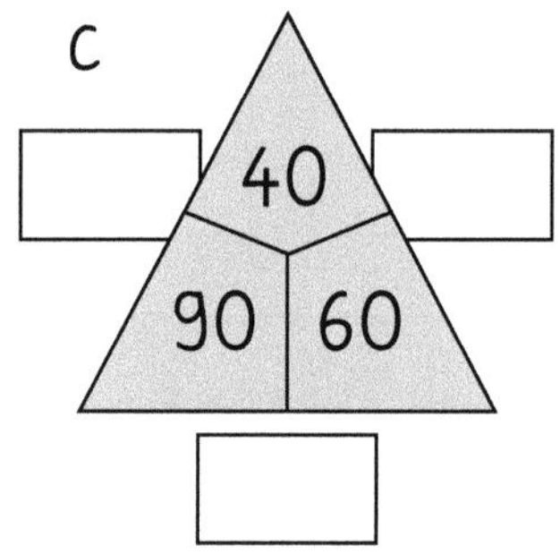

Mittwoch erledigt ☐ kontrolliert ☐

Spiegele an der gekennzeichneten Achse. Du erhältst ein Wort. Wie heißt es?

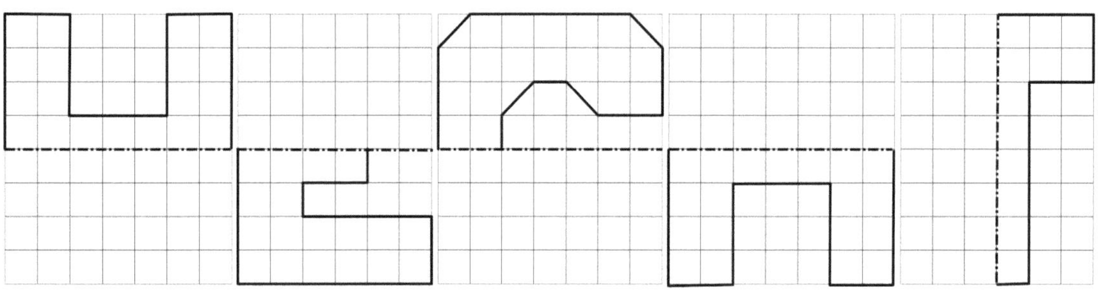

Donnerstag erledigt ☐ kontrolliert ☐

Ergänze die Rechenräder.

A)
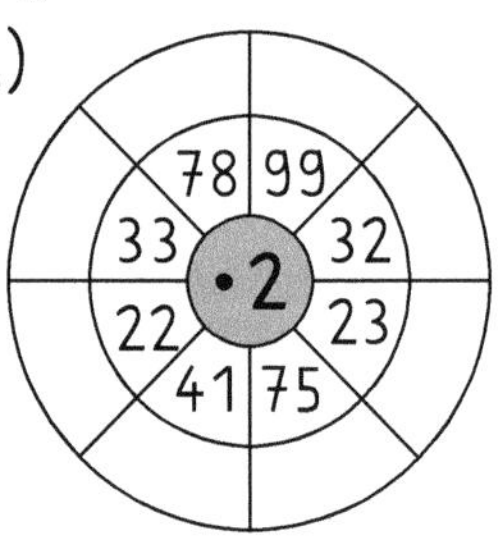

B)
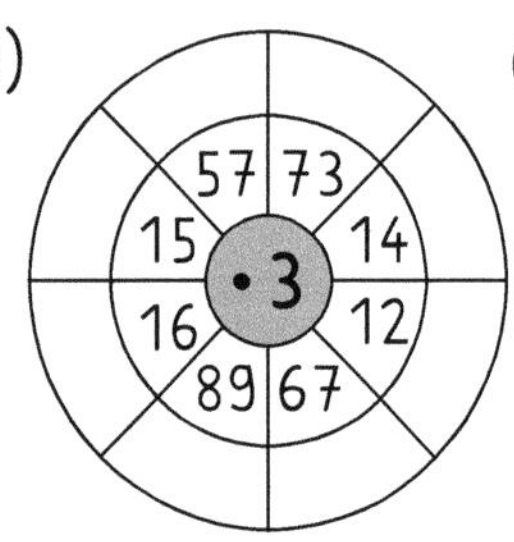

C)
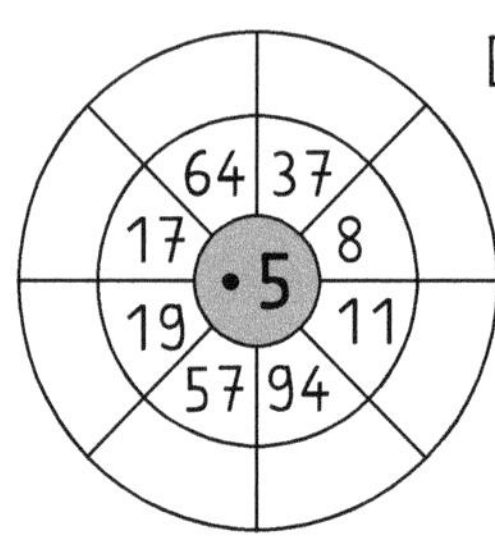

D)
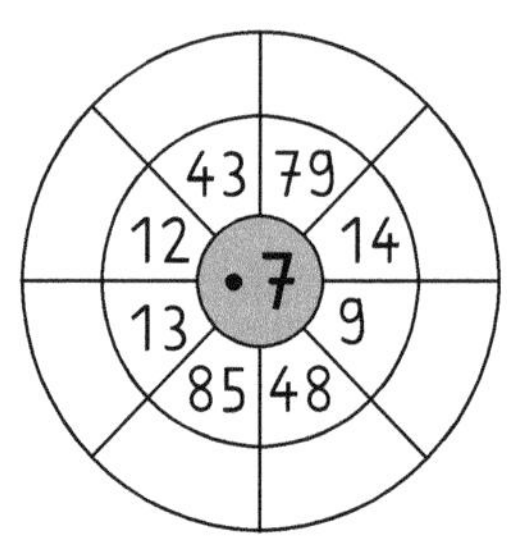

Freitag erledigt ☐ kontrolliert ☐

Der Umfang des Kreises ist in 60 gleiche Abschnitte geteilt. Durch Abzählen von Teilstrichen schaffst du es sicherlich, regelmäßige Vielecke zu zeichnen. Bei regelmäßigen Vielecken sind alle Seiten gleich lang.

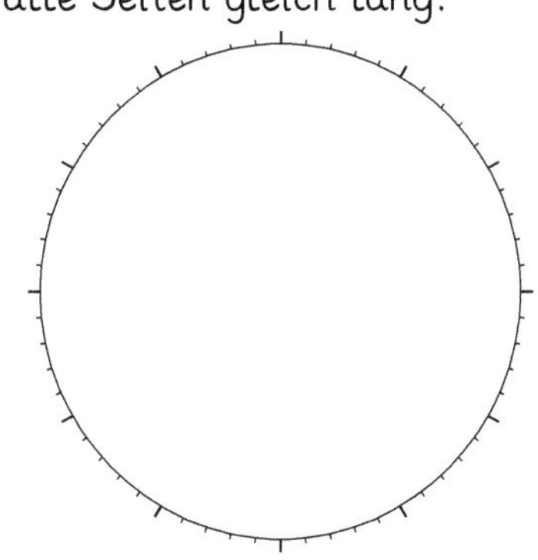
regelmäßiges Sechseck

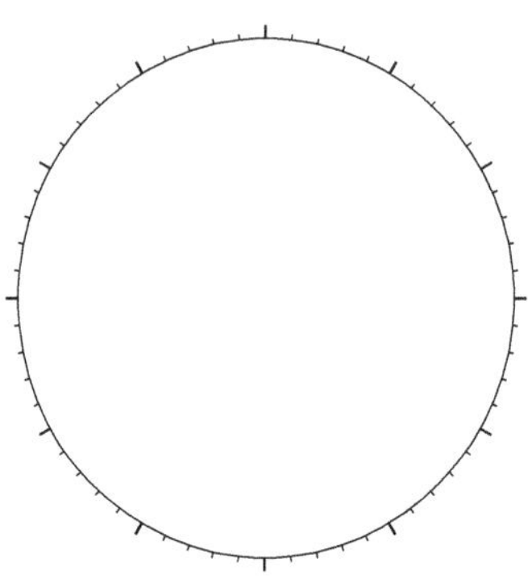
regelmäßiges Fünfeck

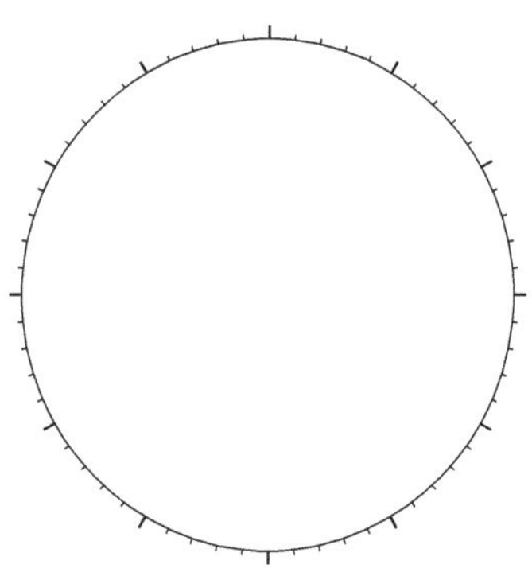
regelmäßiges Zehneck

KOHL VERLAG WOCHENPLAN MATHEMATIK / Klasse 3 – Bestell-Nr. 11 399

Name: ______________ Klasse: ______ Wochenplan Nr. _____ Abgabe am: ______________

Montag erledigt ☐ kontrolliert ☐

Subtrahiere jeweils von der größeren die kleinere Zahl.

A)

921	474	318	226

B)

892	635	477	385

C)

792	365	217	118

Dienstag erledigt ☐ kontrolliert ☐

Übertrage die Kettenaufgaben aus der Tabelle in die freien Felder und rechne sie im Kopf aus.

+	370	215	96	187	-
185	J		B	H	146
236		F	L	D	
310	G	I	A		139
289	C		E	K	

A	310 + 96 - 139 = 267	B	185 + 96 - =
C	289 + =	D	
E		F	
G		H	
I		J	
K		L	

Mittwoch erledigt ☐ kontrolliert ☐

Kreuze die am Zahlenstrahl angezeigte Zahl an. Aus den Kennbuchstaben der Lösungen ergibt sich ein Lösungswort.

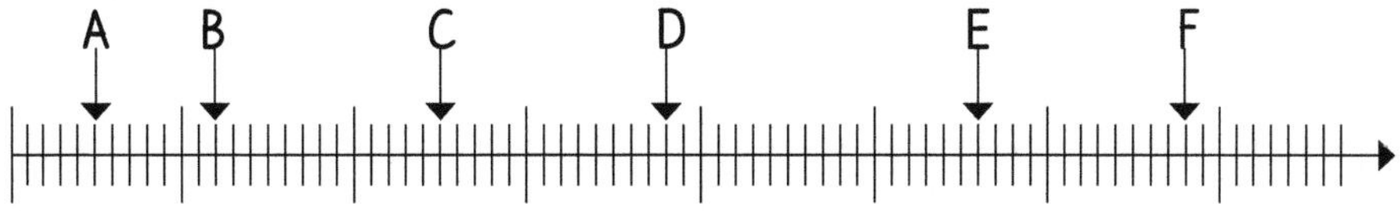

E ☐570 (I) ☐550 (L) ☐560 (N)

F ☐680 (T) ☐690 (S) ☐670 (E)

A ☐50 (C) ☐30 (I) ☐40 (W)

B ☐120 (I) ☐130 (H) ☐140 (M)

C ☐240 (E) ☐250 (S) ☐260 (P)

D ☐380 (E) ☐390 (M) ☐370 (U)

Lösungswort:

A	B	C	D	E	F

Donnerstag erledigt ☐ kontrolliert ☐

Welche Buchstaben haben eine senkrechte Symmetrieachse, welche eine waagerechte?

A) **M**
senkrecht (K)
waagerecht (T)
beides (B)

B) **C**
senkrecht (A)
waagerecht (O)
beides (T)

C) **O**
senkrecht (A)
waagerecht (F)
beides (P)

D) **H**
senkrecht (R)
waagerecht (A)
beides (I)

E) **X**
senkrecht (F)
waagerecht (L)
beides (E)

Lösungswort:

A	B	C	D	E

Freitag erledigt ☐ kontrolliert ☐

Entscheide, ob die Feststellungen wahr oder falsch sind. Kreuze an.

A) Ein Ratte lebt länger als eine Katze.

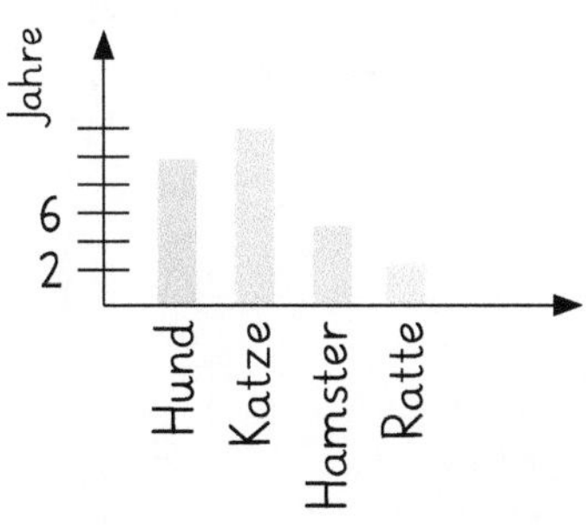

◯ richtig ◯ falsch

B) Bernd ist 12 Jahre alt.

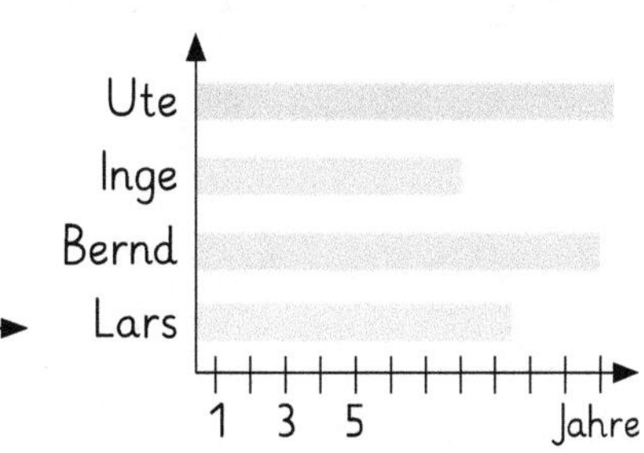

◯ richtig ◯ falsch

C) Gerd erhält das meiste Taschengeld?

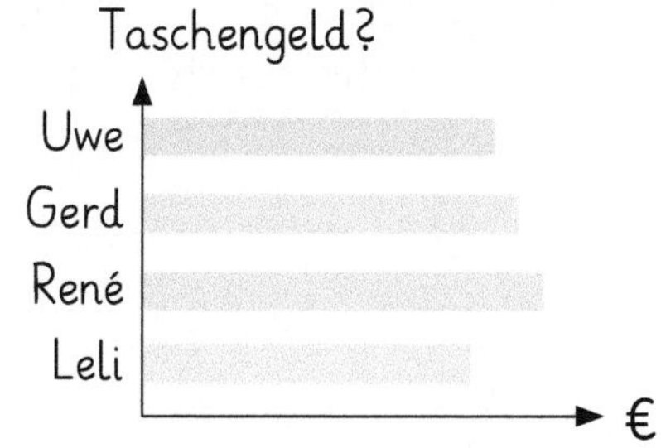

◯ richtig ◯ falsch

Name: ______________________ Klasse: ______ Wochenplan Nr. _____ Abgabe am: ______________

Montag erledigt ☐ kontrolliert ☐

Rechne die Aufgaben aus und schreibe die Lösungen in die freien Felder.

A	356 + 478 =		G	345 + 296 =	
B	264 + 578 =		H	654 + 186 =	
C	483 + 369 =		I	377 + 555 =	
D	174 + 457 =		J	346 + 375 =	
E	586 + 145 =		K	483 + 458 =	
F	453 + 148 =		L	566 + 179 =	

Dienstag erledigt ☐ kontrolliert ☐

Rechne die Aufgaben aus und verbinde die Aufgaben mit den zugehörigen Lösungen.

A	3 • 80 + 10 =	200
B	9 • 40 + 30 =	340
C	5 • 60 + 40 =	250
D	6 • 30 + 20 =	390
E	4 • 70 + 10 =	270
F	5 • 50 + 20 =	290

Mittwoch erledigt ☐ kontrolliert ☐

Setze < , > oder = richtig in die Kästchen ein.

437 + 127		600	35 Cent		0,35 €	7380 kg		8,0 t
89 mm		9 cm	88 – 13		75	519 + 280		800
8 H 7 Z 2 E		875	89 + 23		122	5,76 €		567 Cent
85 – 20		50	46 : 9		5 R 1	84 cm		9 dm

Donnerstag erledigt ☐ kontrolliert ☐

Ergänze die Tabelle wie im linken Beispiel.

102 cm	318 cm	7070 m	9380 m	45 dm	102 dm	52 mm	67 mm
1 m 2 cm		7 km 70 m		4 m 5 dm		5 cm 2 mm	
1,02 m		7,07 km		4,5 m		5,2 cm	

Freitag erledigt ☐ kontrolliert ☐

Setze das Muster fort. Du kannst dein Bild farbig anlegen.

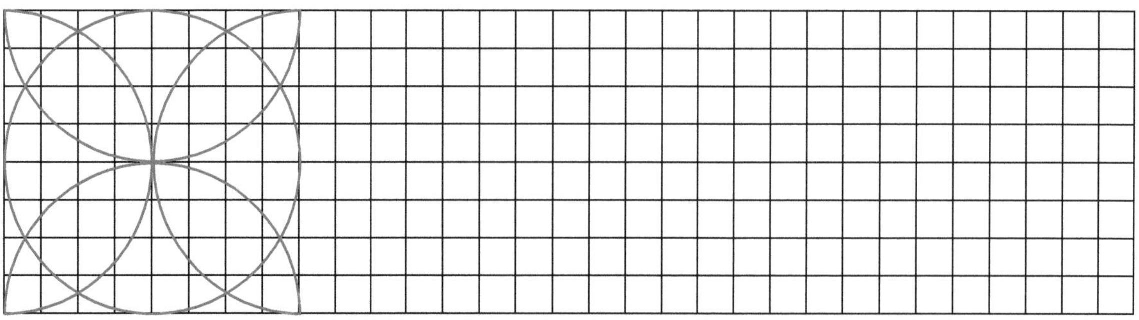

KOHL VERLAG Lernen mit Erfolg
WOCHENPLAN MATHEMATIK / Klasse 3 – Bestell-Nr. 11 399

Name: ______________ Klasse: ______ Wochenplan Nr. ______ Abgabe am: ______________

Montag
erledigt ☐ kontrolliert ☐

Addiere die Zahlen. Aus den Kennbuchstaben der richtigen Lösungen ergibt sich ein Lösungswort.

A)

	1	6	2
+	3	3	6
+	1	4	9

☐647 (P)
☐657 (S)
☐667 (W)

B)

	1	9	6
+	2	5	9
+	1	2	7

☐562 (O)
☐572 (U)
☐582 (R)

C)

	2	3	9
+	2	4	6
+	1	1	9

☐594 (G)
☐604 (I)
☐614 (W)

D)

	3	8	2
+		9	2
+		6	4

☐538 (M)
☐548 (L)
☐558 (H)

E)

	3	3	6
+	1	5	1
+	8	7	5

☐1162 (T)
☐1262 (L)
☐1362 (A)

Lösungswort:

A	B	C	D	E

Dienstag
erledigt ☐ kontrolliert ☐

Rechne die Aufgaben aus. Aus den Kennbuchstaben der richtigen Lösungen ergibt sich ein Lösungswort.

	9	1	4
-	4	5	8

☐454 (B)
☐455 (S)
☐456 (P)

	8	2	1
-	4	5	6

☐365 (U)
☐366 (I)
☐367 (T)

	7	3	2
-	3	6	9

☐362 (A)
☐363 (D)
☐364 (E)

	8	1	5
-	5	7	6

☐239 (E)
☐240 (N)
☐241 (R)

	7	0	3
-	3	6	7

☐334 (S)
☐335 (E)
☐336 (R)

Lösungswort:

A	B	C	D	E

Mittwoch
erledigt ☐ kontrolliert ☐

Löse halbschriftlich. Es bleibt ein Rest.

A)

1	3	7	:	8	=					
	8	0	:	8	=					
	5	7	:	8	=					

B)

2	8	4	:	6	=					
2	4	0	:	6	=					
	4	4	:	6	=					

C)

1	8	4	:	7	=					
1	4	0	:	7	=					
	4	4	:	7	=					

D)

1	5	7	:	3	=					
1	5	0	:	3	=					
		7	:	3	=					

E)

4	1	9	:	5	=					
4	0	0	:	5	=					
	1	9	:	5	=					

F)

3	5	5	:	4	=					
3	2	0	:	4	=					
	3	5	:	4	=					

Donnerstag
erledigt ☐ kontrolliert ☐

Ergänze.

3 Wochen = ___ Tage
7 Wochen = ___ Tage
14 Tage = ___ Wochen
35 Tage = ___ Wochen
2 Jahre = ___ Monate

2 Jahre 5 Monate = ___ Monate
1 Jahr = ___ Monate
3 Jahre 7 Monate = ___ Monate
15 Wochen = ___ Tage
63 Tage = ___ Wochen

Freitag
erledigt ☐ kontrolliert ☐

Ergänze.

47 s + 53 s = ___ s
78 s + 42 s = ___ s
23 s + 37 s = ___ s
98 s + 82 s = ___ s
31 s + 29 s = ___ s

67 s + 53 s = ___ s
98 min + 22 min = ___ h
28 min + 32 min = ___ h
315 min + 45 min = ___ h
37 min + 23 min = ___ h

Name: ______________________ Klasse: ______ Wochenplan Nr. _____ Abgabe am: ______________

Montag
erledigt ☐ kontrolliert ☐

Schreibe die Zahlen untereinander und addiere.

A) 3,56 + 5,38 + 0,94 B) 7,38 + 2,03 + 0,86 C) 4,39 + 1,74 + 0,53

+			
+			

D) 4,48 + 0,63 + 2,56 E) 2,01 + 5,22 + 3,47 F) 2,80 + 0,81 + 2,86

+			
+			

Dienstag
erledigt ☐ kontrolliert ☐

Rechne die Geldbeträge in Cent um und multipliziere. Anschließend wandelst du den Betrag wieder in € um.

A 1,53 € • 6							
			ct	•	6		
							ct
							€

B 7,84 € • 4							
			cm	•	4		
							ct
							€

C 2,27 € • 9							
			cm	•	9		
							ct
							€

D 3,75 € • 7							
			ct	•	7		
							ct
							€

E 4,17 € • 5							
			cm	•	5		
							ct
							€

F 7,19 € • 8							
			cm	•	8		
							ct
							€

Mittwoch
erledigt ☐ kontrolliert ☐

Welcher Bauplan passt zu diesem Würfelgebilde? Kreuze an!

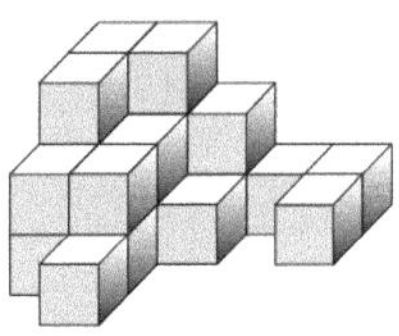

4	3	2	1	1
2	2	2		1
2	2			
	1			

☐

3	3	2	1	1
3	2	1		1
2	2			
	1			

☐

3	3	2	1	1
3	2	2		1
3	1			
	1			

Donnerstag
erledigt ☐ kontrolliert ☐

Runde alle Summanden auf volle Hunderter und berechne jeweils den Überschlag.

A	418 + 189 ≈	+ =		G	461 + 230 ≈	+ =
B	387 + 139 ≈	+ =		H	388 + 395 ≈	+ =
C	218 + 674 ≈	+ =		I	193 + 425 ≈	+ =
D	367 + 219 ≈	+ =		J	195 + 594 ≈	+ =
E	264 + 315 ≈	+ =		K	235 + 401 ≈	+ =

Freitag
erledigt ☐ kontrolliert ☐

Runde alle Summanden auf volle Zehner und berechne jeweils den Überschlag.

A	762 - 239 ≈	- =		G	668 - 326 ≈	- =
B	485 - 162 ≈	- =		H	756 - 443 ≈	- =
C	684 - 317 ≈	- =		I	569 - 384 ≈	- =
D	565 - 393 ≈	- =		J	773 - 481 ≈	- =
E	627 - 295 ≈	- =		K	639 - 326 ≈	- =

KOHL VERLAG WOCHENPLAN MATHEMATIK / Klasse 3 – Bestell-Nr. 11 399

Name: ____________________ Klasse: ______ Wochenplan Nr. _____ Abgabe am: ______________

Montag erledigt ☐ kontrolliert ☐

Sechs Kinder besitzen eine unterschiedlich große Anzahl an farbigen Jeans, Hemden und Pullovern. Abgesehen davon, dass manches farblich nicht so recht zusammenpasst, sollst du herausfinden, wie viele verschiedene Möglichkeiten sie haben, sich anzuziehen. Die Buchstaben bei den richtigen Lösungen ergeben ein Lösungswort.

A) Jan
3 Jeans (E) 10
5 Hemden (H) 17
2 Pullis (P) 30

B) Carsten
2 Jeans (A) 48
6 Hemden (G) 24
4 Pullis (I) 96

C) Helge
4 Jeans (R) 48
8 Hemden (V) 96
3 Pullis (M) 112

D) Thorsten
5 Jeans (Z) 12
3 Hemden (L) 30
4 Pullis (I) 60

E) Niklas
5 Jeans (A) 125
5 Hemden (R) 15
5 Pullis (B) 30

F) Matthias
6 Jeans (A) 324
7 Hemden (N) 126
3 Pullis (H) 98

Lösungswort:

A	B	C	D	E	F

Dienstag erledigt ☐ kontrolliert ☐

Löse halbschriftlich. Es bleibt kein Rest.

A)

6	3	5	:	5	=					
6	0	0	:	5	=					
	3	5	:	5	=					

B)

9	3	8	:	7	=					
9	1	0	:	7	=					
	2	8	:	7	=					

C)

9	5	4	:	6	=					
9	0	0	:	6	=					
	5	4	:	6	=					

D)

9	8	4	:	8	=					
9	6	0	:	8	=					
	2	4	:	8	=					

E)

9	7	2	:	9	=					
9	0	0	:	9	=					
	7	2	:	9	=					

F)

8	6	4	:	4	=					
8	0	0	:	4	=					
	6	4	:	4	=					

Mittwoch erledigt ☐ kontrolliert ☐

Rechne die Meterangaben in Zentimeter um und multipliziere. Anschließend wandelst du das Ergebnis wieder in Meter um.

A 2,83 m • 6							
			cm	•	6		
						cm	
						m	

B 7,24 m • 7							
			cm	•	7		
						cm	
						m	

C 4,65 m • 9							
			cm	•	9		
						cm	
						m	

Donnerstag erledigt ☐ kontrolliert ☐

Gib die nächsten fünf Zahlen an.

A) 12, 16, 48, ... Regel: + 4, • 3
B) 4, 16, 11, 44, ... Regel: • 4, – 5
C) 13, 26, 17, 34, ... Regel: • 2, – 9
D) 19, 38, 31, 62, ... (Regel: • 2, – 7)
E) 9, 27, 15, 45, ... (Regel: • 3, – 12)
F) 5, 20, 12, 48, ... (Regel: • 4, – 8)

Freitag erledigt ☐ kontrolliert ☐

Markiere die Zahlen mit einem Pfeil und dem entsprechenden Buchstaben.

A) 180 B) 250 C) 300 D) 390 E) 430 F) 460 G) 520 H) 640

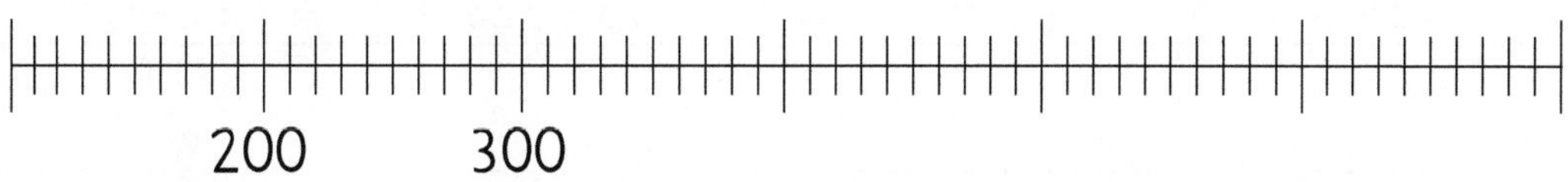

Name: ____________________ Klasse: ______ Wochenplan Nr. _____ Abgabe am: ______________

Montag erledigt ☐ kontrolliert ☐

Den Flächeninhalt einer ebenen Figur bestimmst du, indem du die Anzahl der quadratischen Kästchen zählst, die von dieser Fläche bedeckt werden.

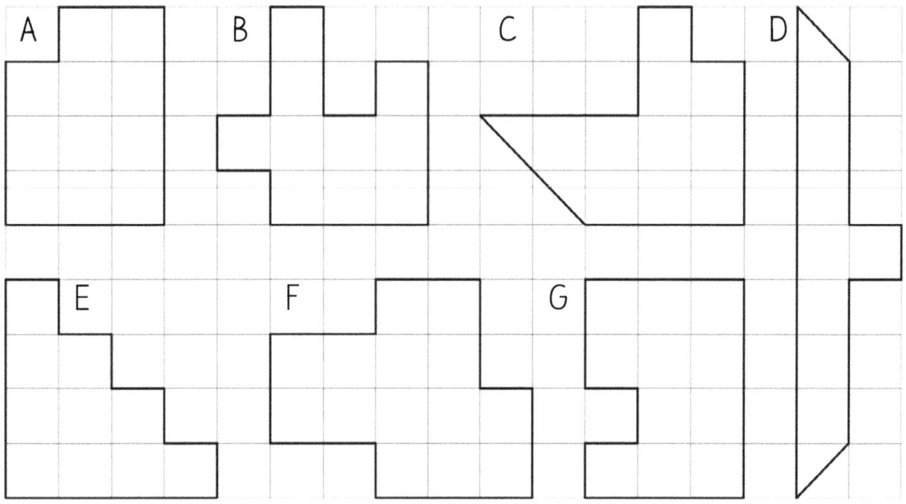

Dienstag erledigt ☐ kontrolliert ☐

Schreibe die nächsten drei Zahlen der Zahlenfolge auf.

A) 6 →(•5) ☐ →(•5) ☐ →(•5) ☐

B) 210 →(−25) ☐ →(−25) ☐ →(−25) ☐

C) 768 →(: 4) ☐ →(: 4) ☐ →(: 4) ☐

D) 5 →(•4) ☐ →(•4) ☐ →(•4) ☐

E) 155 →(−15) ☐ →(−15) ☐ →(−15) ☐

F) 216 →(: 3) ☐ →(: 3) ☐ →(: 3) ☐

Mittwoch erledigt ☐ kontrolliert ☐

Setze das Muster fort und male dein Bild farbig aus.

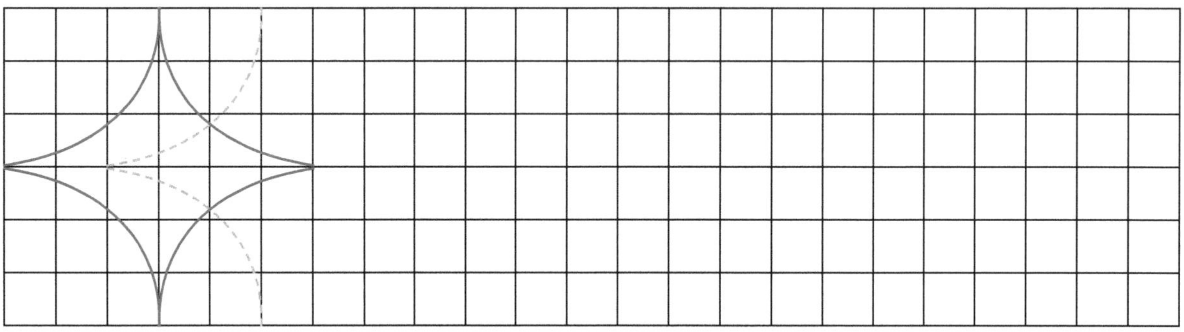

Donnerstag erledigt ☐ kontrolliert ☐

Markiere die Zahlen mit einem Pfeil und dem entspechenden Buchstaben.

A) 770 B) 850 C) 720 D) 940 E) 880 F) 1040 G) 660

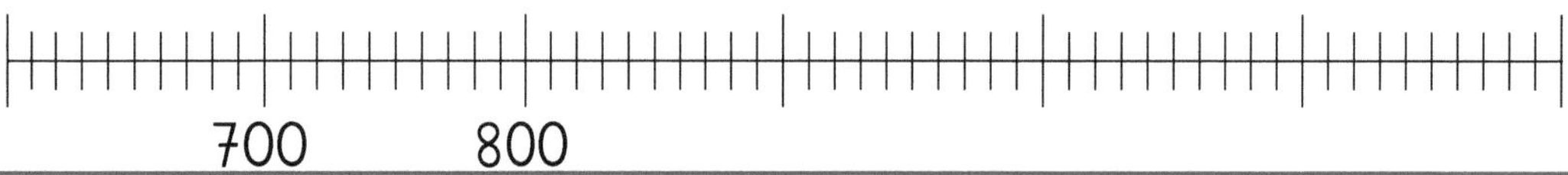

Freitag erledigt ☐ kontrolliert ☐

Lies die Zahlen ab und schreibe sie auf.

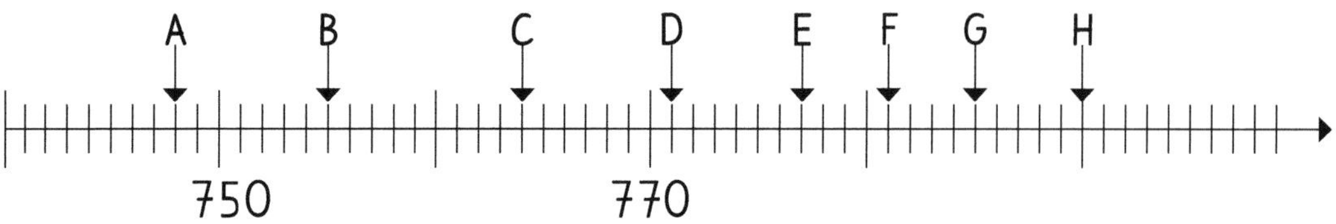

Lösungen

Seite 4

Montag erledigt ☐ kontrolliert ☐

Rechne die Aufgaben aus und schreibe die Lösungen in die freien Felder.

A 540 + 210 = 750	F 190 + 260 = 450
B 150 + 230 = 380	G 370 + 150 = 520
C 620 + 170 = 790	H 550 + 310 = 860
D 370 + 120 = 490	I 320 + 290 = 610
E 410 + 280 = 690	J 480 + 360 = 840

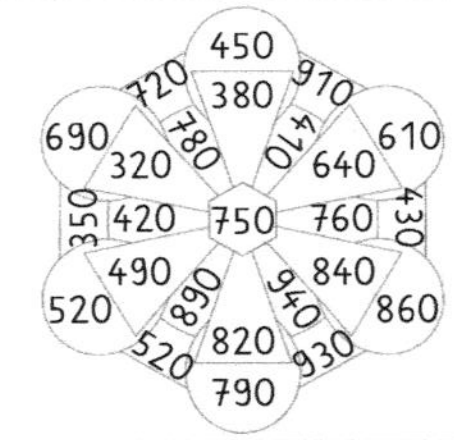

Dienstag erledigt ☐ kontrolliert ☐

Setze die Zahlen so in die Zahlenmauer ein, dass zwei Zahlen, die nebeneinander stehen, zusammengezählt immer die Zahl darüber ergeben. Löse die Aufgabe zunächst auf einem Zettel oder im Heft und übertrage dann deine Lösung in diese Zahlenmauer.

690				
310	380			
130	180	200		
60	70	110	90	
20	40	30	80	10

10	20	30	40	60	70	80	90	110	130	180	200	310	380	690

Mittwoch erledigt ☐ kontrolliert ☐

Halbiere jede Zahl im Kopf und schreibe deine Lösung in das freie Feld neben der Aufgabe.

A

124	62
236	118
404	202
196	98
312	156
492	246

B

156	78
222	111
330	165
468	234
132	66
492	246

Kontrollbild:

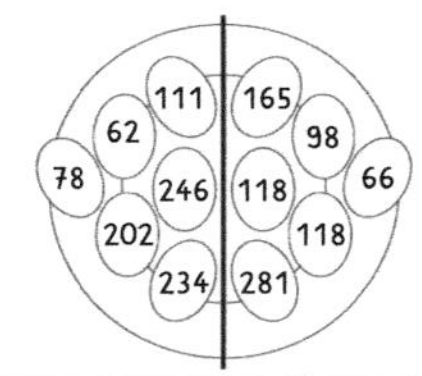

Donnerstag erledigt ☐ kontrolliert ☐

Verfolge die Zahlenreihe und kreuze an, welche Zahl dazwischen liegt. Aus den Kennbuchstaben der richtigen Lösungen ergibt sich ein Lösungswort.

A 60 90 R 120 150

B 55 70 E 85

C 86 97 I 108 119

D 30 80 S 130 180

E 11 28 E 45 62

Lösungswort:

A	B	C	D	E
R	E	I	S	E

Freitag erledigt ☐ kontrolliert ☐

Miss die dargestellten Gegenstände auf Millimeter genau ab. Die Buchstaben der richtigen Lösungen ergeben das Lösungswort.

A 
H 3,5 cm

C 

L 5,3 cm

B 
E 4,8 cm

D 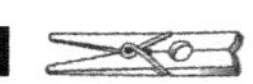
D 1,9 cm

Lösungswort:

A	B	C	D
H	E	L	D

Seite 5

Montag erledigt ☐ kontrolliert ☐

Vervollständige die Plustreppen so, dass zwei Zahlen in Feldern, die nebeneinander stehen, zusammengezählt immer die Zahl im oberen Nachbarfeld ergeben.

A)

				294
			151	143
		66	85	
	39		58	
12	27		31	

B)

				234
			121	113
		55	66	
	36		47	
17	19		28	

Dienstag erledigt ☐ kontrolliert ☐

Multipliziere die Zahlen miteinander. Aus den Kennbuchstaben der richtigen Lösungen ergibt sich das Lösungswort.

A 20 • 40 — S 800

B 50 • 30 — I 1500

C 80 • 70 — L 5600

D 30 • 60 — B 1800

E 90 • 30 — E 2700

F 70 • 90 — R 6300

Lösungswort:

A	B	C	D	E	F
S	I	L	B	E	R

Mittwoch erledigt ☐ kontrolliert ☐

Verdopple jede Zahl im Kopf und schreibe deine Lösung in das freie Feld neben der Aufgabe.

A

67	134
29	58
47	94
127	254
209	418
96	192

B

156	312
137	274
217	434
199	398
236	472
418	836

Kontrollbild:

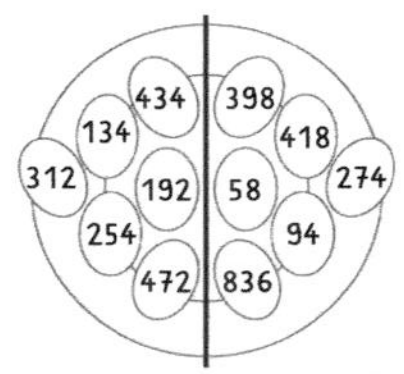

Donnerstag erledigt ☐ kontrolliert ☐

Du gehst einkaufen und hat den angegebenen Betrag in deinem Geldbeutel. Kreuze an, wie viel Geld du noch hast, wenn du die in den Kästchen gezeigten Beträge gezahlt hast. Die Buchstaben hinter den richtigen Lösungen ergeben das Lösungswort.

A € 8 — € 2,50 € 3,50 — € 2,00 P

B € 7 — € 1,70 € 2,90 — € 2,40 I

C € 12 — € 3,60 € 7,10 — € 1,30 L

D € 6 — € 0,80 € 1,90 — € 3,30 Z

Lösungswort:

A	B	C	D
P	I	L	Z

Freitag erledigt ☐ kontrolliert ☐

Übertrage die Buchstaben unten in die freien Gitterfelder. Male das fertige Bild in deinen Lieblingsfarben aus.

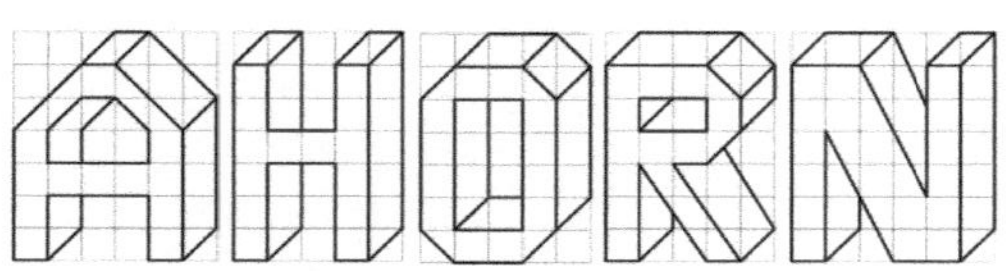

KOHL VERLAG WOCHENPLAN MATHEMATIK / Klasse 3 – Bestell-Nr. 11 399

Lösungen

Seite 6

Montag erledigt ☐ kontrolliert ☐

Rechne die Aufgaben aus und schreibe die Lösungen in die freien Felder.

A	240 - 170 =	70
B	350 - 230 =	120
C	420 - 260 =	160
D	370 - 120 =	250
E	410 - 280 =	130

F	390 - 280 =	110
G	370 - 150 =	220
H	550 - 310 =	240
I	320 - 290 =	30
J	480 - 310 =	170

Kontrollbild:

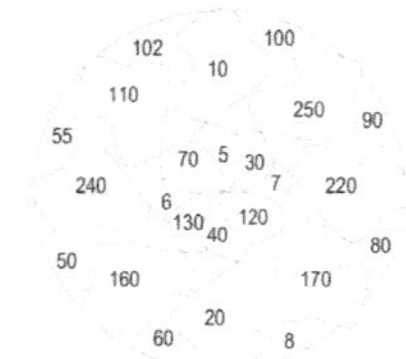

Dienstag erledigt ☐ kontrolliert ☐

Dividiere die Zahlen. Aus den Kennbuchstaben der richtigen Lösungen ergibt sich ein Lösungswort.

A 81 : 9 — 9 (T)
B 32 : 4 — 8 (O)
C 63 : 7 — 9 (R)
D 27 : 3 — 9 (W)
E 18 : 2 — 9 (A)
F 64 : 8 — 8 (N)
G 40 : 5 — 8 (D)

Lösungswort:

A	B	C	D	E	F	G
T	O	R	W	A	N	D

Mittwoch erledigt ☐ kontrolliert ☐

Trage die Zahlen, die genau in der Mitte zwischen den beiden angegebenen Zahlen stehen, in die grauen Kästchen ein. Die Kennbuchstaben bei den richtigen Antworten ergeben ein Lösungswort.

A) 482 — 508 — 534
507 (T) 508 (M) 509 (T)

B) 732 — 764 — 796
762 (U) 763 (A) 764 (O)

C) 211 — 232 — 253
232 (N) 233 (I) 234 (L)

D) 120 — 152 — 184
149 (K) 151 (F) 152 (S)

E) 207 — 258 — 309
258 (U) 259 (Z) 260 (S)

F) 83 — 105 — 127
105 (N) 106 (M) 107 (T)

Lösungswort:

A	B	C	D	E	F
M	O	N	S	U	N

Donnerstag erledigt ☐ kontrolliert ☐

Rechne in Minuten um. Die Buchstaben der richtigen Lösungen ergeben das Lösungswort.

A	B	C	D	E	F
135 min (S)	186 min (C)	115 min (H)	160 min (E)	245 min (I)	206 min (N)
2 h 15 min	3 h 6 min	1 h 55 min	2 h 40 min	4 h 5 min	3 h 26 min

Lösungswort:

A	B	C	D	E	F
S	C	H	E	I	N

Freitag erledigt ☐ kontrolliert ☐

Kreuze die Größe an, die den gleichen Wert wie vorher angibt.
Die Buchstaben zur richtigen Lösung ergeben das Lösungswort.

A 1700 m = 1 km 700 m = 1,7 km (S)
B 5300 m = 5 km 300 m = 5,3 km (T)
C 2090 m = 2 km 90 m = 2,09 km (R)
D 7500 m = 7 km 500 m = 7,5 km (E)
E 2070 m = 2 km 70 m = 2,07 km (I)
F 9800 m = 9 km 800 m = 9,8 km (T)

Lösungswort:

A	B	C	D	E	F
S	T	R	E	I	T

Seite 7

Montag erledigt ☐ kontrolliert ☐

Rechne die Aufgaben aus und schreibe die Lösungen unter die Aufgaben. Kreuze unten deine Lösungen an.

	A	B	C	D	E	F	G	H
	386	254	175	199	237	525	264	574
+	495	568	298	388	176	275	659	269
	881	822	473	587	413	800	923	843

Dienstag erledigt ☐ kontrolliert ☐

Rechne die Aufgaben aus und schreibe die Lösungen in die freien Felder. Aus den Kontrollbuchstaben der richtigen Antwort ergibt sich ein Lösungswort.

A	350 - 180 =	170
B	750 - 490 =	160
C	520 - 360 =	320

D	680 - 490 =	260
E	570 - 250 =	190
F	400 - 210 =	190

180	140	190	170	320	160	260	150
↓	↓	↓	↓	↓	↓	↓	↓
A	B	E	F	G	I	L	M

Lösungswort:

A	B	C	D	E	F
F	L	I	E	G	E

Mittwoch erledigt ☐ kontrolliert ☐

Kreuze an, ob die Folgezahl größer, kleiner oder gleich ist. Aus den Kennbuchstaben der richtigen Lösung ergibt sich ein Lösungswort.

A 196 — Z > — 189
B 716 — O > — 706
C 539 — B < — 545
D 777 — > / < / E = — 777
E 999 — L > / B — 666

Lösungswort:

A	B	C	D	E
Z	O	B	E	L

Donnerstag erledigt ☐ kontrolliert ☐

Sind die Figuren achsensymmetrisch? Die Buchstaben der richtigen Lösungen ergeben das Lösungswort.

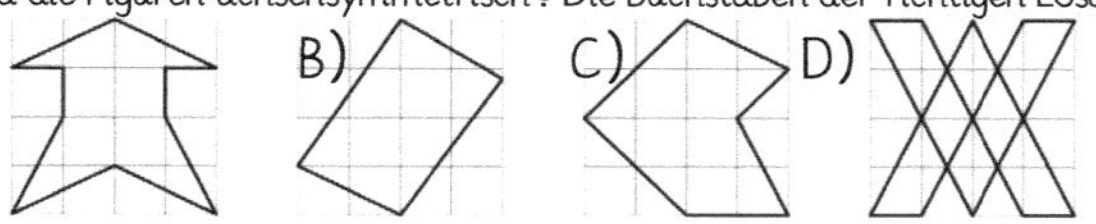

A) M ja
B) A nein
C) U nein
D) S ja

Lösungswort:

A	B	C	D
M	A	U	S

Freitag erledigt ☐ kontrolliert ☐

Kreuze den Namen des abgebildeten Körpers an. Aus den Kennbuchstaben der richtigen Lösungen ergibt sich ein Lösungswort.

A) 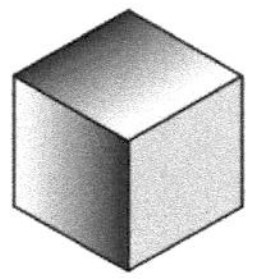 A Würfel

B) 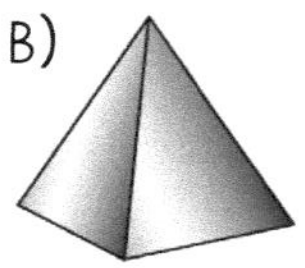 B Pyramide

C) 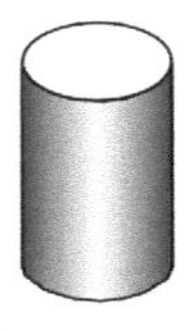 T Zylinder

Lösungswort:

A	B	C
A	B	T

Lösungen

Seite 8

Montag erledigt ☐ kontrolliert ☐

Rechne die Aufgaben aus und schreibe die Lösungen in die freien Felder.

A	480 + 275	755	D	265 + 380	645	G	372 + 190	562
B	390 + 448	838	E	440 + 374	814	H	450 + 389	839
C	290 + 372	662	F	195 + 360	555	I	320 + 297	617

Dienstag erledigt ☐ kontrolliert ☐

Kreuze den richtigen Vorgänger und Nachfolger an. Aus den Kennbuchstaben der Lösungen ergibt sich ein Wort.

A **389** — Ⓣ 388, Ⓡ 390
B **667** — Ⓝ 668, Ⓘ 666
C **817** — Ⓗ 818, Ⓚ 816
D **600** — Ⓐ 599, Ⓛ 601
E **346** — Ⓔ 347, Ⓛ 345

Lösungswort:

A		B		C		D		E	
T	R	I	N	K	H	A	L	L	E

Mittwoch erledigt ☐ kontrolliert ☐

Kreuze das Gewicht an, das den gleichen Wert wie vorher angibt. Die Buchstaben zur richtigen Lösung ergeben das Lösungswort.

A) 7 kg 300 g = Ⓑ 7300 g
B) 2 t 8 kg = Ⓘ 2008 kg
C) 7 kg 50 g = Ⓡ 7050 g
D) 6 t 20 kg = Ⓝ 6020 kg
E) 9 kg 605 g = Ⓔ 9605 g
F) 7 t 900 kg = Ⓝ 7900 kg

Lösungswort:

A	B	C	D	E	F
B	I	R	N	E	N

Donnerstag erledigt ☐ kontrolliert ☐

Setze jeweils die passenden Zahlen ein.

A) 22, 28, 34, 40, 46, 52, 58, 64, 70

B) 11, 22, 33, 44, 55, 66, 77, 88, 99

Freitag erledigt ☐ kontrolliert ☐

Miss die folgenden Gegenstände auf den Abbildungen genau ab. Die Buchstaben der richtigen Lösungen ergeben das Lösungswort.

A 
Ⓐ 2.1 cm

B 

Ⓤ 2,4 cm

C 
Ⓣ 4,0 cm

D
Ⓞ 2,1 cm

Lösungswort:

A	B	C	D
A	U	T	O

Seite 9

Montag erledigt ☐ kontrolliert ☐

Übertrage die Kettenaufgaben aus der Tabelle in die freien Felder und rechne sie im Kopf aus.

+	22	37	43	54	-
31	J		B	H	27
52		F	L	D	
49	G	I	A		19
27	C		E	K	

A	49 + 43 - 19 = 73	B	31 + 43 - 27 = 47
C	27 + 22 - 19 = 30	D	52 + 54 - 27 = 79
E	27 + 43 - 19 = 51	F	52 + 37 - 27 = 62
G	49 + 22 - 19 = 52	H	31 + 54 - 27 = 58
I	49 + 37 - 19 = 67	J	31 + 22 - 27 = 26
K	27 + 54 - 19 = 62	L	52 + 43 - 27 = 68

Dienstag erledigt ☐ kontrolliert ☐

Spiegele an der gekennzeichneten Achse. Du erhältst ein Wort. Wie heißt es?

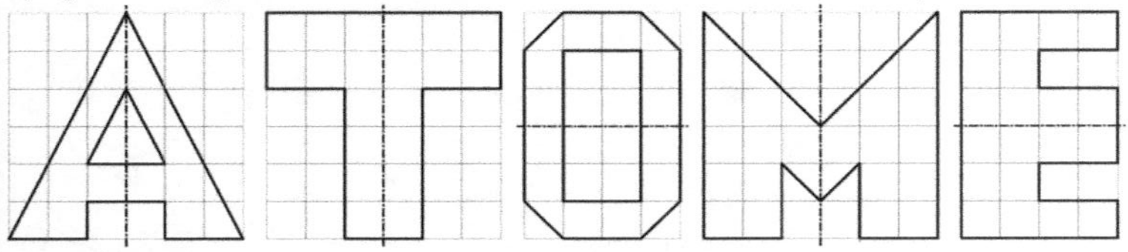

Mittwoch erledigt ☐ kontrolliert ☐

Rechne die Aufgaben aus und schreibe die Lösungen in die freien Felder! Aus den Kontrollbuchstaben der richtigen Antwort ergibt sich ein Lösungswort.

A	752 - 231	521	D	689 - 362	327
B	727 - 416	311	E	653 - 342	311
C	527 - 215	312	F	412 - 109	303

313	351	311	511	312	327	303	521
A	R	E	F	R	S	Y	J

Lösungswort:

A	B	C	D	E	F
J	E	R	S	E	Y

Donnerstag erledigt ☐ kontrolliert ☐

Du gehst einkaufen und hast den angegebenen Betrag in deinem Geldbeutel. Kreuze an, wie viel Geld du noch hast, wenn du die in den Kästen gezeigten Beträge gezahlt hast. Die Buchstaben hinter den richtigen Lösungen ergeben das Lösungswort.

€ 2,70 | € 3,40 — € 2,90 (M)

€2,75 | € 3,60 — € 1,65 (O)

€ 4,90 | € 5,20 — € 0,90 (P)

€ 0,75 | € 1,23 — € 3,02 (S)

Lösungswort:

A	B	C	D
M	O	P	S

Freitag erledigt ☐ kontrolliert ☐

Handelt es sich um ein Würfelnetz, ein Quadernetz oder keins von beiden? Kreuze an. Aus den Kennbuchstaben der richtigen Lösungen ergibt sich ein Lösungswort.

A) 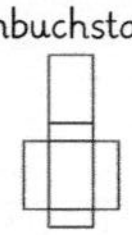 Quadernetz (F)

B) 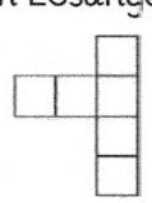 weder noch (L)

C) 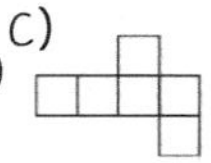 Würfelnetz (Ö)

D) 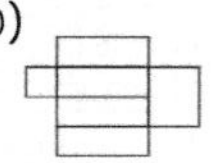 weder noch (T)

E) 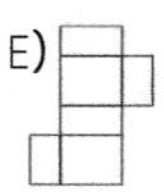 Würfelnetz (R)

Lösungswort:

A	B	C	D	E
F	L	Ö	T	E

Lösungen

Seite 10

Montag (erledigt ☐ kontrolliert ☐)

Vervollständige die Plustreppen so, dass zwei Zahlen in Feldern, die nebeneinander stehen, zusammengezählt immer die Zahl im oberen Nachbarfeld ergeben.

A)

626
360 | 266
199 | 161
143 | 105
87 | 56 | 49

B)

735
416 | 319
219 | 197
144 | 122
69 | 75 | 47

Dienstag (erledigt ☐ kontrolliert ☐)

Dividiere die Zahlen. Aus den Kennbuchstaben der richtigen Lösungen ergibt sich ein Lösungswort.

A) 108 : 9 — 12 (R)
B) 76 : 4 — 19 (E)
C) 62 : 2 — 31 (C)
D) 39 : 3 — 13 (H)
E) 48 : 12 — 4 (N)
F) 65 : 13 — 5 (E)
G) 75 : 15 — 5 (N)

Lösungswort:

A	B	C	D	E	F	G
R	E	C	H	N	E	N

Mittwoch (erledigt ☐ kontrolliert ☐)

Kreuze das Gewicht an, das den gleichen Wert wie vorher angibt. Die Buchstaben zur richtigen Lösung ergeben das Lösungswort.

A) 1 kg 255 g = 1255 g (S)
B) 2 kg 83 g = 2083 g (C)
C) 9 kg 5 g = 9005 g (H)
D) 6 kg 780 g = 6780 g (E)
E) 4 kg 77 g = 4077 g (L)
F) 7 kg 9 g = 7009 g (M)

Lösungswort:

A	B	C	D	E	F
S	C	H	E	L	M

Donnerstag (erledigt ☐ kontrolliert ☐)

Rechne in Minuten um. Die Buchstaben der richtigen Lösungen ergeben das Lösungswort.

A) 7 h 6 min — 426 min (P)
B) 8 h 25 min — 505 min (I)
C) 6 h 12 min — 372 min (L)
D) 4 h 54 min — 294 min (G)
E) 5 h 43 min — 343 min (E)
F) 3 h 49 min — 229 min (R)

Lösungswort:

A	B	C	D	E	F
P	I	L	G	E	R

Freitag (erledigt ☐ kontrolliert ☐)

Kreuze die Größe an, die den gleichen Wert wie vorher angibt.

A) 2700 m = 2 km 700 m / 2,7 km
B) 8500 m = 8 km 500 m / 8,5 km
C) 9080 m = 9 km 80 m / 9,08 km

Seite 11

Montag (erledigt ☐ kontrolliert ☐)

Rechne die Aufgaben aus und schreibe die Lösungen unter die Aufgaben.

A 342 + 431 = 773
B 254 + 534 = 788
C 175 + 513 = 688
D 571 + 328 = 899
E 637 + 322 = 959
F 525 + 174 = 699
G 264 + 621 = 885
H 574 + 225 = 799

Dienstag (erledigt ☐ kontrolliert ☐)

Subtrahiere. Aus den Kennbuchstaben der richtigen Lösungen ergibt sich ein Lösungswort.

A 357 − 124 = 233 ☐233 (A)
B 827 − 415 = 412 ☐412 (M)
C 465 − 134 = 331 ☐331 (P)
D 745 − 323 = 422 ☐422 (F)
E 967 − 521 = 446 ☐446 (E)
F 637 − 512 = 125 ☐125 (R)

Lösungswort:

A	B	C	D	E	F
A	M	P	F	E	R

Mittwoch (erledigt ☐ kontrolliert ☐)

Kreuze an, ob die Folgezahl größer, kleiner oder gleich ist. Aus den Kennbuchstaben der richtigen Lösungen ergibt sich ein Lösungswort.

A 974 984 ☐< (G)
B 593 539 ☐> (R)
C 900 910 ☐< (A)
D 365 356 ☐> (M)
E 111 111 ☐= (M)

Lösungswort:

A	B	C	D	E
G	R	A	M	M

Donnerstag (erledigt ☐ kontrolliert ☐)

Kreuze an, um welche geometrischen Netze es sich handelt. Aus den Kennbuchstaben der Lösungen ergibt sich ein Wort.

A 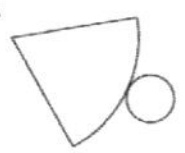 (S) Kegel
B 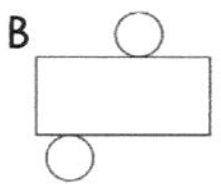 (A) Zylinder
C 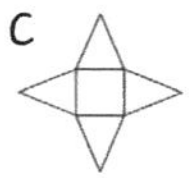 (L) Pyramide
D 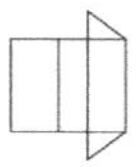 (B) Prisma
E 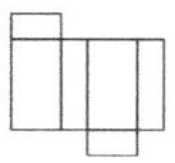 (E) Quader

Lösungswort:

A	B	C	D	E
S	A	L	B	E

Freitag (erledigt ☐ kontrolliert ☐)

Kreuze den Namen des abgebildeten Körpers an. Aus den Kennbuchstaben der richtigen Lösungen ergibt sich ein Lösungswort.

A 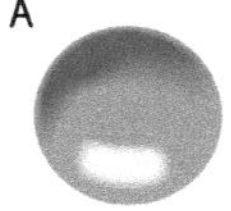 (A) Kugel
B 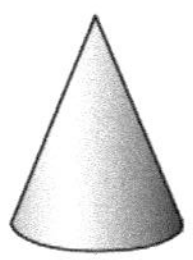 (S) Kegel
C 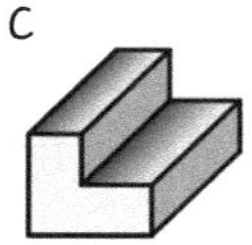 (T) Prisma

Lösungswort:

A	B	C
A	S	T

Lösungen

Seite 12

Montag erledigt ☐ kontrolliert ☐

Addiere die Zahlen. Aus den Kennbuchstaben der richtigen Lösungen ergibt sich ein Lösungswort.

A 256 + 475 = 731 ☐731 (N)

B 579 + 264 = 843 ☐843 (A)

C 156 + 583 = 739 ☐739 (G)

D 683 + 149 = 832 ☐832 (E)

E 487 + 369 = 856 ☐856 (L)

Lösungswort:

A	B	C	D	E
N	A	G	E	L

Dienstag erledigt ☐ kontrolliert ☐

Kreuze den richtigen Vorgänger und Nachfolger an. Aus den Kennbuchstaben der Lösungen ergibt sich ein Wort.

A 670 (F) 671 672 (R)

B 859 (O) 860 861 (S)

C 932 (C) 933 934 (H)

D 718 (A) 719 720 (U)

E 668 (G) 669 670 (E)

Lösungswort:

A		B		C		D		E	
F	R	O	S	C	H	A	U	G	E

Mittwoch erledigt ☐ kontrolliert ☐

Kreuze die richtigen Zehnervorgänger und Zehnernachfolger an. Aus den Kennbuchstaben der Lösungen ergibt sich ein Lösungswort.

A) 370 (H) 375 380 (O) B) 710 (S) 715 720 (P) C) 890 (I) 897 900 (T) D) 600 (A) 608 610 (L)

Lösungswort:

A		B		C		D	
H	O	S	P	I	T	A	L

Donnerstag erledigt ☐ kontrolliert ☐

Kreuze den Körper an, den du in den Abbildungen entdeckst. Aus den Kennbuchstaben der richtigen Antworten ergibt sich ein Lösungswort.

	A Kegel		K Quader	
H Zylinder		C Kugel		E Prisma

A	B	C	D	E
H	A	C	K	E

Freitag erledigt ☐ kontrolliert ☐

Kreuze an, welcher Körper aus dem geometrischen Netz gebastelt werden kann.

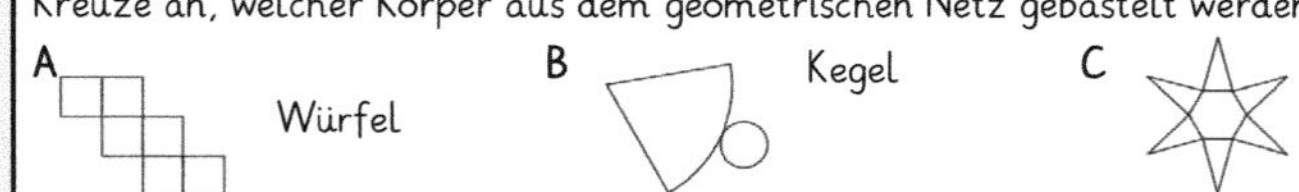

A Würfel B Kegel C Pyramide

Seite 13

Montag erledigt ☐ kontrolliert ☐

Rechne die Aufgaben aus und schreibe die Lösungen in die freien Felder.

A	982 - 473 =	509	F	509 - 236 =	273
B	505 - 288 =	217	G	877 - 642 =	235
C	656 - 196 =	460	H	991 - 726 =	265
D	923 - 238 =	685	I	853 - 529 =	324
E	723 - 188 =	535	J	879 - 727 =	152

Dienstag erledigt ☐ kontrolliert ☐

Multipliziere die Zahlen miteinander. Aus den Kennbuchstaben der richtigen Lösungen ergibt sich das Lösungswort.

A 70 • 40 = 2800 (E)

B 5 • 800 = 4000 (L)

C 8 • 700 = 5600 (E)

D 30 • 90 = 2700 (V)

E 900 • 7 = 6300 (E)

F 700 • 8 = 5600 (N)

Lösungswort:

A	B	C	D	E	F
E	L	E	V	E	N

Mittwoch erledigt ☐ kontrolliert ☐

Kreuze die am Zahlenstrahl angezeigte Zahl an. Aus den Kennbuchstaben der Lösungen ergibt sich ein Lösungswort.

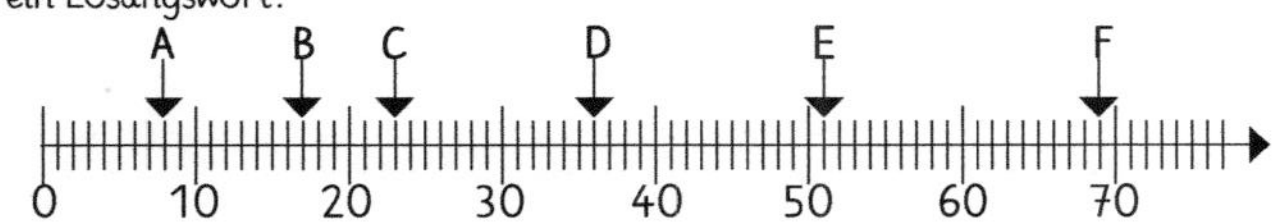

A ☐8 (K) B ☐17 (R) C ☐23 (A) D ☐36 (G) E ☐51 (E) F ☐69 (N)

Lösungswort:

A	B	C	D	E	F
K	R	A	G	E	N

Donnerstag erledigt ☐ kontrolliert ☐

Übertrage die Buchstaben unten in die freien Gitterfelder. Male deine Buchstaben dann in deinen Lieblingsfarben aus.

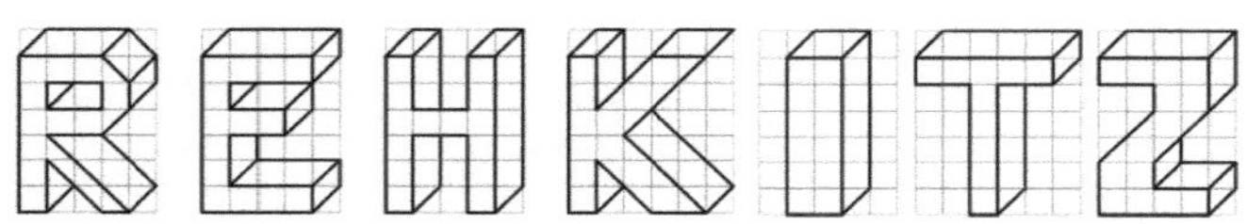

Freitag erledigt ☐ kontrolliert ☐

Miss die folgenden Gegenstände auf den Abbildungen genau ab. Die Buchstaben der richtigen Lösungen ergeben das Lösungswort.

A 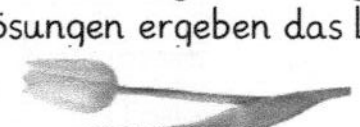 3,2 cm (G)

B  (E) 2,9 cm

C  (L) 3,9 cm

D  (B) 4,2 cm

Lösungswort:

A	B	C	D
G	E	L	B

Lösungen

Seite 14

Montag ☐ erledigt ☐ kontrolliert

Rechne die Aufgaben aus und schreibe die Lösungen unter die Aufgaben.

- A 235 + 451 = 686
- B 436 + 523 = 959
- C 213 + 675 = 888
- D 536 + 342 = 878
- E 651 + 316 = 967
- F 524 + 342 = 866
- G 213 + 646 = 859
- H 526 + 253 = 779

Dienstag ☐ erledigt ☐ kontrolliert

Setze die Zahlen so in die Zahlenmauer ein, dass zwei Zahlen, die nebeneinander stehen, zusammengezählt immer die Zahl darüber ergeben. Löse die Aufgabe zunächst auf einem Zettel oder im Heft und übertrage dann deine Lösung in diese Zahlenmauer.

870
368 | 502
155 | 213 | 289
72 | 83 | 130 | 159
27 | 45 | 38 | 92 | 67

Mittwoch ☐ erledigt ☐ kontrolliert

Kreuze den richtigen Wert an, der in der Stellenwerttafel gegeben ist. Aus den Kennbuchstaben der richtigen Lösungen ergibt sich ein Lösungswort.

	H	Z	E	
A	7	0	3	703 (B)
B	6	1	9	619 (E)
C	0	6	5	65 (R)
D	8	8	0	880 (L)
E	5	7	4	574 (I)
F	0	9	0	90 (N)

Lösungswort:

A	B	C	D	E	F
B	E	R	L	I	N

Donnerstag ☐ erledigt ☐ kontrolliert

Zeichne die Muster weiter. Du kannst dein Bild farbig ausmalen.

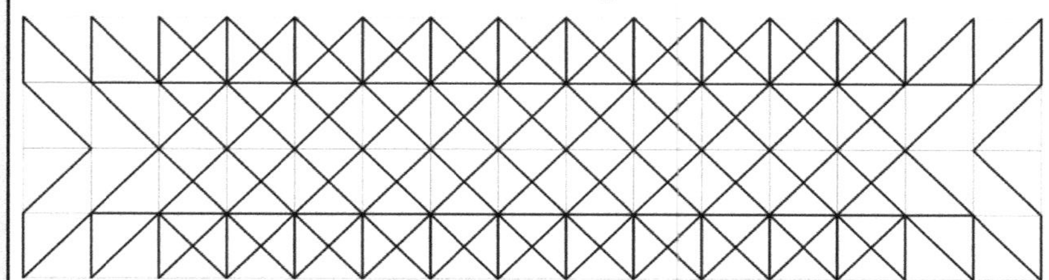

Freitag ☐ erledigt ☐ kontrolliert

Kreuze das Hohlmaß an, das den gleichen Wert wie vorher angibt. Die Buchstaben zur richtigen Lösung ergeben das Lösungswort.

- A) 8 l 15 ml – 8015 ml (L)
- B) 3 l 7 ml – 3007 ml (O)
- C) 3 l 650 ml – 3650 ml (N)
- D) 2 l 250 ml – 2250 ml (D)
- E) 9 l 200 ml – 9200 ml (O)
- F) 5 l 9 ml – 5009 ml (N)

Lösungswort:

A	B	C	D	E	F
L	O	N	D	O	N

Seite 15

Montag ☐ erledigt ☐ kontrolliert

Rechne die Aufgaben aus und schreibe die Lösungen unter die Aufgaben.

- A 475 + 348 = 823
- B 257 + 574 = 831
- C 178 + 596 = 774
- D 269 + 373 = 642
- E 254 + 378 = 632
- F 545 + 276 = 821
- G 254 + 279 = 533
- H 385 + 246 = 631

Dienstag ☐ erledigt ☐ kontrolliert

Dividiere die Zahlen. Aus den Kennbuchstaben der richtigen Lösungen ergibt sich ein Lösungswort.

- A 99 : 9 – 11 (S)
- B 60 : 5 – 12 (T)
- C 91 : 7 – 13 (A)
- D 84 : 12 – 7 (D)
- E 96 : 6 – 16 (I)
- F 72 : 8 – 9 (O)
- G 75 : 15 – 5 (N)

Lösungswort:

A	B	C	D	E	F	G
S	T	A	D	I	O	N

Mittwoch ☐ erledigt ☐ kontrolliert

Halbiere jede Zahl im Kopf und schreibe deine Lösung in das freie Feld neben der Aufgabe.

A)

126	→	63
438	→	219
814	→	407
596	→	298
512	→	256
752	→	376

B)

556	→	278
736	→	368
534	→	267
782	→	391
532	→	266
774	→	387

Donnerstag ☐ erledigt ☐ kontrolliert

Kreuze das Gewicht an, das den gleichen Wert wie vorher angibt. Die Buchstaben zur richtigen Lösung ergeben das Lösungswort.

- A) 3 kg 40 g – 3040 g (S)
- B) 7 t 63 kg – 7063 kg (I)
- C) 1 kg 504 g – 1504 g (G)
- D) 7 t 2 kg – 7002 kg (N)
- E) 4 kg 60 g – 4060 g (A)
- F) 9 t 180 kg – 9180 kg (L)

Lösungswort:

A	B	C	D	E	F
S	I	G	N	A	L

Freitag ☐ erledigt ☐ kontrolliert

Kreuze den Körper an, den du in den Abbildungen entdeckst. Aus den Kennbuchstaben der richtigen Antworten ergibt sich ein Lösungswort.

K Kugel

Ü Kegel

C Zylinder

H Quader

E Pyramide

A	B	C	D	E
K	Ü	C	H	E

Lösungen

Montag erledigt ☐ kontrolliert ☐

Rechne die Aufgaben aus und schreibe die Lösungen unter die Aufgaben.

	A	B	C	D	E
	374	596	347	685	487
+	469	378	466	247	255
	843	974	813	932	742

☐843 (F) ☐974 (A) ☐813 (D) ☐932 (E) ☐742 (N)

Lösungswort:

A	B	C	D	E
F	A	D	E	N

Dienstag erledigt ☐ kontrolliert ☐

Rechne die Aufgaben aus und schreibe die Lösungen in die freien Felder! Aus den Kontrollbuchstaben der richtigen Antwort ergibt sich ein Lösungswort.

A	626 - 230	396	B	743 - 170	573
C	852 - 470	382	D	989 - 130	859
E	819 - 230	589	F	870 - 430	440

382	396	589	511	440	327	573	859
A	B	E	G	R	S	L	Z

Lösungswort:

A	B	C	D	E	F
B	L	A	Z	E	R

Mittwoch erledigt ☐ kontrolliert ☐

Runde auf Hunderter. Kreuze die richtig gerundete Zahl an. Aus den Kennbuchstaben der richtigen Lösungen ergibt sich ein Lösungswort.

A) 635 — 600 (S)
B) 774 — 800 (I)
C) 887 — 900 (E)
D) 647 — 600 (S)
E) 786 — 800 (T)
F) 644 — 600 (A)

Lösungswort:

A	B	C	D	E	F
S	I	E	S	T	A

Donnerstag erledigt ☐ kontrolliert ☐

Kreuze achsensymmetrische Figuren an und zeichne die Symmetrieachse ein.

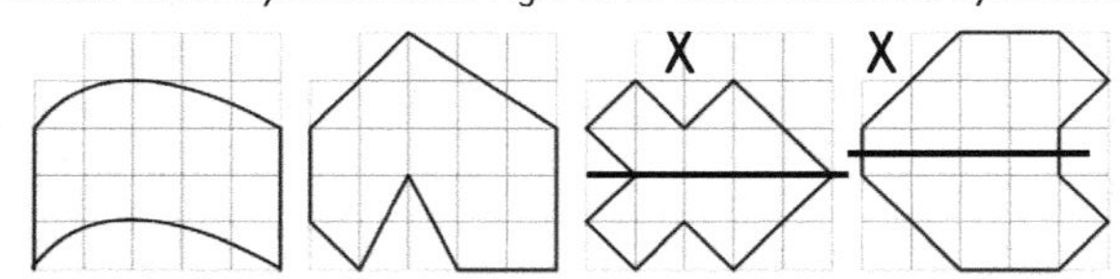

Freitag erledigt ☐ kontrolliert ☐

Spiegele jeweils an der gekennzeichneten Achse. Du kannst dein Bild farbig ausmalen.

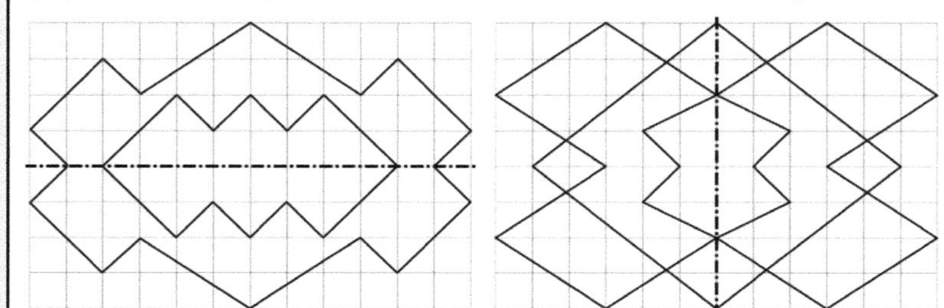

Montag erledigt ☐ kontrolliert ☐

Rechne die Aufgaben aus und schreibe die Lösungen in die freien Felder.

A	532 - 160 =	372	F	623 - 130 =	493
B	723 - 260 =	463	G	825 - 350 =	475
C	884 - 270 =	614	H	608 - 370 =	238
D	507 - 150 =	357	I	663 - 180 =	483
E	556 - 390 =	166	J	736 - 140 =	596

Dienstag erledigt ☐ kontrolliert ☐

Verdopple jede Zahl im Kopf und schreibe deine Lösung in das freie Feld neben der Aufgabe.

A)

267	→	534
329	→	658
147	→	294
256	→	512
349	→	698
196	→	392

B)

217	→	434
156	→	312
439	→	878
187	→	374
273	→	546
268	→	536

Mittwoch erledigt ☐ kontrolliert ☐

Verfolge die Zahlenreihe und kreuze an, welche Zahl dazwischen liegt. Aus den Kennbuchstaben der richtigen Lösungen ergibt sich ein Lösungswort.

A 11 27 (J) 43 59
B 54 73 (E) 92 111
C 73 99 (A) 125 151
D 30 120 (N) 210 300
E 99 87 (S) 75 63

Lösungswort:

A	B	C	D	E
J	E	A	N	S

Donnerstag erledigt ☐ kontrolliert ☐

Beachte die Lösungsvorschläge und berechne in Stunden (h), Minuten (min) oder Sekunden (s) um. Die Buchstaben der richtigen Lösungen ergeben das Lösungswort.

A) 235 min — 3 h 55 min (K)
B) 320 min — 5 h 20 min (A)
C) 6 min 5 s — 365 s (T)
D) 11 min — 660 s (Z)
E) 200 min — 3 h 20 min (E)
F) 2 min 9 s — 129 s (N)

Lösungswort:

A	B	C	D	E	F
K	A	T	Z	E	N

Freitag erledigt ☐ kontrolliert ☐

Handelt es sich um ein Würfelnetz, ein Quadernetz oder keins von beiden? Kreuze an.

A) 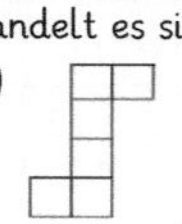

☒ Würfelnetz
O Quadernetz
O weder noch

B) 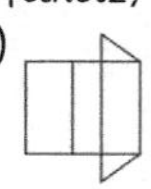

O Würfelnetz
O Quadernetz
☒ weder noch

C) 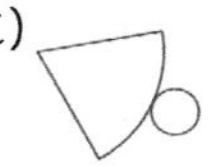

O Würfelnetz
O Quadernetz
☒ weder noch

Lösungen

Seite 18

Montag erledigt ☐ kontrolliert ☐

Rechne die Aufgaben aus und schreibe die Lösungen unter die Aufgaben.

	A	B	C	D
	156	251	425	145
	+ 432	+ 634	+ 534	+ 352
	588	885	959	497

	E	F	G	H
	637	523	236	514
	+ 261	+ 256	+ 653	+ 335
	898	779	889	849

Dienstag erledigt ☐ kontrolliert ☐

Dividiere die Zahlen. Aus den Kennbuchstaben der richtigen Lösungen ergibt sich ein Lösungswort.

A 85 : 9 — 9 R 4 (K)
B 50 : 7 — 7 R 1 (A)
C 26 : 8 — 3 R 2 (T)
D 68 : 8 — 8 R 4 (I)
E 47 : 5 — 9 R 2 (N)
F 19 : 2 — 9 R 1 (K)
G 47 : 4 — 11 R 3 (A)

Lösungswort:

A	B	C	D	E	F	G
K	A	T	I	N	K	A

Mittwoch erledigt ☐ kontrolliert ☐

Entscheide, ob die beiden Geraden senkrecht aufeinander stehen oder parallel verlaufen.

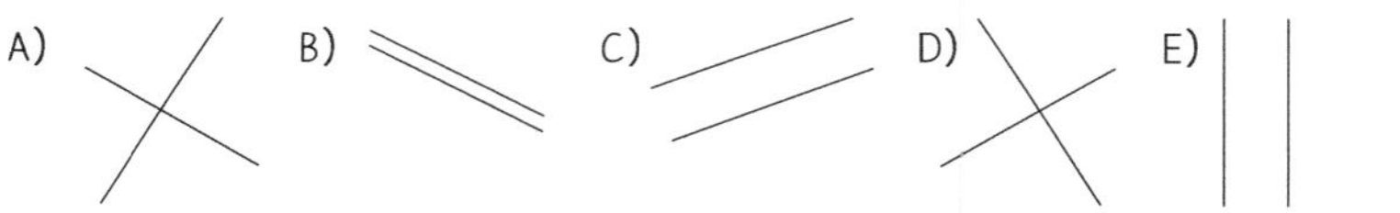

A) O parallel ☒ senkrecht
B) ☒ parallel O senkrecht
C) ☒ parallel O senkrecht
D) O parallel ☒ senkrecht
E) ☒ parallel O senkrecht

Donnerstag erledigt ☐ kontrolliert ☐

Kreuze das Hohlmaß an, das den gleichen Wert wie vorher angibt. Die Buchstaben zur richtigen Lösung ergeben das Lösungswort.

A) 2 l 20 ml — 2020 ml (F)
B) 8250 ml — 8 l 250 ml (L)
C) 9 l 5 ml — 9005 ml (O)
D) 3075 ml — 3 l 75 ml (C)
E) 1005 ml — 1 l 5 ml (K)
F) 7 l 125 ml — 7125 ml (E)

Lösungswort:

A	B	C	D	E	F
F	L	O	C	K	E

Freitag erledigt ☐ kontrolliert ☐

Kreuze den Namen des abgebildeten Körpers an.

A) 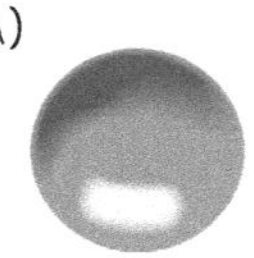
☒ Kugel
O Kegel
O Quader

B) 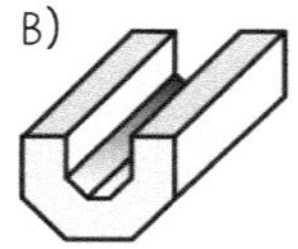
O Quader
O Pyramide
☒ Prisma

C) 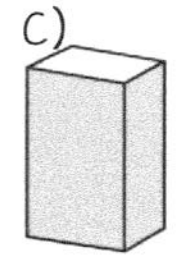
☒ Quader
O Zylinder
O Würfel

Seite 19

Montag erledigt ☐ kontrolliert ☐

Vervollständige die Plustreppen so, dass zwei Zahlen in Feldern, die nebeneinander stehen, zusammengezählt immer die Zahl im oberen Nachbarfeld ergeben.

A)
2816
1465 | 1351
697 | 768
512 | 583
327 | 185 | 398

B)
2406
1245 | 1161
566 | 679
369 | 482
172 | 197 | 285

Dienstag erledigt ☐ kontrolliert ☐

Multipliziere die Zahlen miteinander. Aus den Kennbuchstaben der richtigen Lösungen ergibt sich das Lösungswort.

A 35 · 20 — 700 (M)
B 15 · 80 — 1200 (O)
C 80 · 25 — 2000 (N)
D 35 · 60 — 2100 (T)
E 45 · 30 — 1350 (A)
F 70 · 15 — 1050 (G)

Lösungswort:

A	B	C	D	E	F
M	O	N	T	A	G

Mittwoch erledigt ☐ kontrolliert ☐

Kreuze den richtigen Geldbetrag an, der in der Stellenwerttafel angegeben ist. Aus den Kennbuchstaben der richtigen Lösungen ergibt sich ein Lösungswort.

Lösungswort:

A	B	C	D	E	F
M	O	R	A	S	T

	€	ct	
A	15	02	15,02 € (M)
B	02	45	2,45 € (O)
C	12	12	12,12 € (R)
D	17	20	17,20 € (A)
E	35	00	35,00 € (S)
F	28	19	28,19 € (T)

Donnerstag erledigt ☐ kontrolliert ☐

Miss die Strecken und vergleiche deine Messung mit den Lösungen.

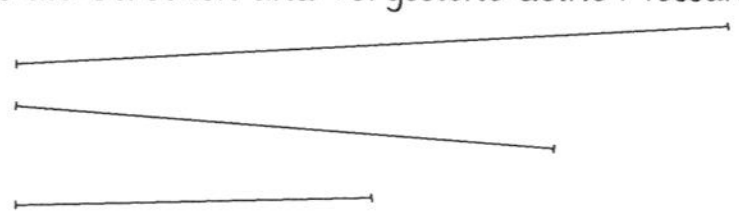

A) 7 cm (T)
B) 5,3 cm (I)
C) 3,8 cm (M)

Lösungswort:

A	B	C
T	I	M

Freitag erledigt ☐ kontrolliert ☐

Kreuze den Körper an, den du in den Abbildungen entdeckst. Aus den Kennbuchstaben der richtigen Antworten ergibt sich ein Lösungswort.

M Pyramide

Ü Kugel

S Quader

L Zylinder

I Kegel

A	B	C	D	E
M	Ü	S	L	I

Lösungen

Seite 20

Montag erledigt □ kontrolliert □

Rechne die Aufgaben aus und schreibe die Lösungen in die freien Felder.

A	630 - 270 =	360	G	720 - 290 =	430
B	920 - 350 =	570	H	810 - 270 =	540
C	810 - 570 =	240	I	650 - 470 =	180
D	740 - 390 =	350	J	720 - 380 =	340
E	610 - 220 =	390	K	660 - 280 =	380
F	760 - 390 =	370	L	850 - 390 =	460

Dienstag erledigt □ kontrolliert □

Übertrage die Kettenaufgaben aus der Tabelle in die freien Felder und rechne sie im Kopf aus.

+	35	59	86	97	−
82	J		B	H	32
93		F	L	D	
65	G	I	A		47
57	C		E	K	

A	65 + 86 - 47 = 104	B	82 + 86 - 32 = 136
C	57 + 35 - 47 = 45	D	93 + 97 - 32 = 158
E	57 + 86 - 47 = 96	F	93 + 59 - 32 = 120
G	65 + 35 - 47 = 53	H	82 + 97 - 32 = 147
I	65 + 59 - 47 = 77	J	82 + 35 - 32 = 85
K	57 + 97 - 47 = 107	L	93 + 86 - 32 = 147

Mittwoch erledigt □ kontrolliert □

Du hast vor jeder Rechnung 2,50 € in deinem Geldbeutel. Du bekommst jedes Mal ein wenig Geld dazu. Kreuze an, wie viel Geld du anschließend hast. Die Buchstaben hinter den Lösungen ergeben das Lösungswort.

A) € 1,90 € 3,50 — € 7,90 (S)

B) € 1,70 € 2,90 — € 7,10 (O)

C) € 3,60 € 1,10 — € 7,20 (D)

D) € 0,80 € 1,90 — € 5,20 (A)

Lösungswort:

A	B	C	D
S	O	D	A

Donnerstag erledigt □ kontrolliert □

Spiegele jeweils an der gekennzeichneten Achse. Du kannst dein Bild farbig ausmalen.

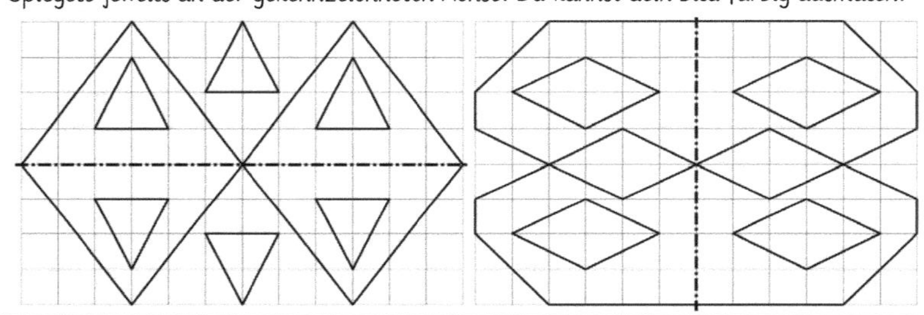

Freitag erledigt □ kontrolliert □

Löse alle Aufgaben im Kopf und schreibe die Lösungen in die freien Felder.

A	600 -	257	= 343	G	700 -	226	= 474
B	600 -	115	= 485	H	700 -	187	= 513
C	600 -	246	= 354	I	700 -	238	= 462
D	600 -	324	= 276	J	700 -	353	= 347
E	600 -	361	= 239	K	700 -	386	= 314
F	600 -	425	= 175	L	700 -	132	= 568

Seite 21

Montag erledigt □ kontrolliert □

Löse alle Aufgaben im Kopf und schreibe die Lösungen in die freien Felder.

A	343 +	257	= 600	B	294 +	406	= 700	C	189 +	611	= 800
	255 +	345	= 600		487 +	213	= 700		421 +	379	= 800
	168 +	432	= 600		372 +	328	= 700		596 +	204	= 800
	293 +	307	= 600		267 +	433	= 700		369 +	431	= 800

Dienstag erledigt □ kontrolliert □

Subtrahiere die Zahlen. Aus den Kennbuchstaben der richtigen Lösungen ergibt sich ein Lösungswort.

A

	5	7	9
-	1	2	4
	4	5	5

□455 (R)

B

	8	3	6
-	4	1	5
	4	2	1

□421 (O)

C

	5	7	6
-	1	3	4
	4	4	2

□442 (S)

D

	7	8	4
-	3	2	3
	4	6	1

□461 (I)
□

E

	8	6	1
-	5	2	1
	3	4	0

□340 (N)

F

	6	4	5
-	5	3	2
	1	1	3

□113 (E)

Lösungswort:

A	B	C	D	E	F
R	O	S	I	N	E

Mittwoch erledigt □ kontrolliert □

Kreuze die richtigen Zehnervorgänger und Zehnernachfolger an. Aus den Kennbuchstaben der Lösungen ergibt sich ein Wort.

A) 450 (A) 457 460 (M) B) 610 (A) 615 620 (Z) C) 740 (O) 749 750 (N) D) 860 (A) 862 870 (S)

Lösungswort:

A		B		C		D	
A	M	A	Z	O	N	A	S

Donnerstag erledigt □ kontrolliert □

Zeichne das Muster weitere sechsmal. Du kannst dein Bild farbig ausmalen.

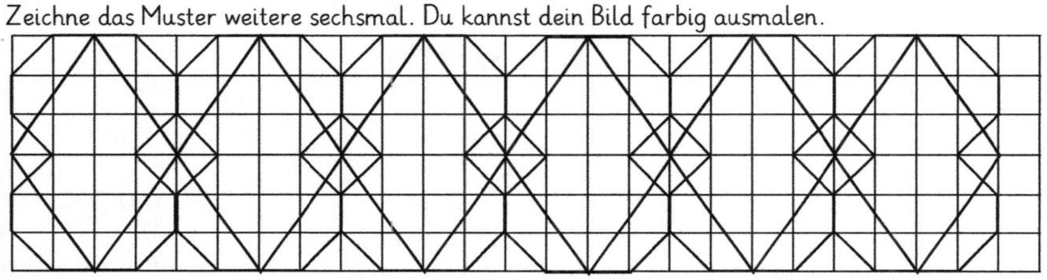

Freitag erledigt □ kontrolliert □

Entscheide, ob die beiden Geraden senkrecht aufeinander stehen oder parallel verlaufen. Die Buchstaben bei den richtigen Lösungen ergeben ein Lösungswort.

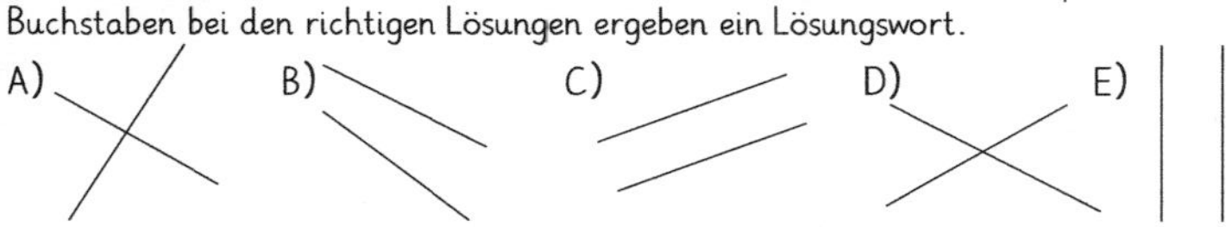

(W) senkrecht (U) weder noch (R) parallel (S) weder noch (T) weder noch

A	B	C	D	E
W	U	R	S	T

Lösungen

Seite 22

Montag erledigt ☐ kontrolliert ☐

Rechne jede Aufgabe im Kopf aus. Verbinde die Aufgabe mit der zugehörigen Lösungszahl.

A) 273 + 59 = → 332

B) 743 + 78 = → 821

C) 546 + 89 = → 635

D) 819 + 93 = → 912

Dienstag erledigt ☐ kontrolliert ☐

Setze die Zahlen so in die Zahlenmauer ein, dass zwei Zahlen, die nebeneinander stehen, zusammengezählt immer die Zahl darüber ergeben. Löse die Aufgabe zunächst auf einem Zettel oder im Heft und übertrage dann deine Lösung in diese Zahlenmauer.

1956
961 | 995
456 | 505 | 490
222 | 234 | 271 | 219
124 | 98 | 136 | 135 | 84
56 | 68 | 30 | 106 | 29 | 55

Mittwoch erledigt ☐ kontrolliert ☐

Kreuze die richtig gerundete Zahl an. Aus den Kennbuchstaben der richtigen Lösung ergibt sich ein Lösungswort.

A	149	B	751	C	837	D	761	E	97	F	260
S	100	C	800							E	300
						E	800				
				H	800			R	100		

Lösungswort:

A	B	C	D	E	F
S	C	H	E	R	E

Donnerstag erledigt ☐ kontrolliert ☐

Entscheide, ob die beiden Geraden senkrecht aufeinander stehen oder parallel verlaufen. Die Buchstaben bei den richtigen Lösungen ergeben ein Lösungswort.

A) B) C) D) E)

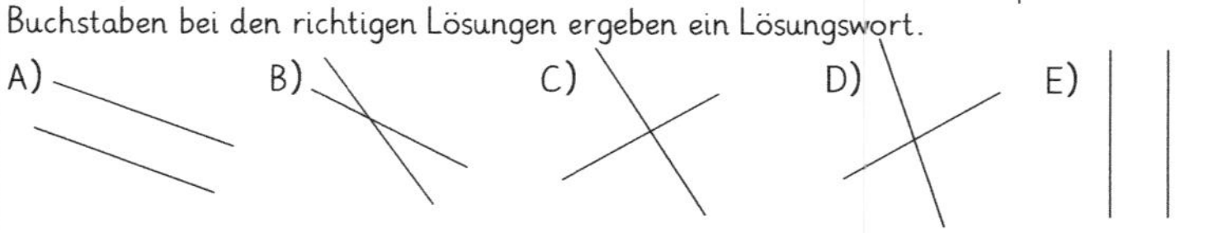

Ⓚ parallel — Ⓤ weder noch — Ⓝ senkrecht — Ⓢ weder noch — Ⓣ parallel

A	B	C	D	E
K	U	N	S	T

Freitag erledigt ☐ kontrolliert ☐

Kreuze das Gewicht an, das den gleichen Wert wie vorher angibt. Die Buchstaben zur richtigen Lösung ergeben das Lösungswort.

A) 2 t 70 kg — 2070 kg (G)

B) 3550 kg — 3 t 550 kg (O)

C) 1 kg 5 g — 1005 g (B)

D) 2003 g — 2 kg 3 g (E)

E) 7 t 236 kg — 7236 kg (L)

F) 5060 g — 5 kg 60 g (I)

G) 18050 kg — 18 t 50 kg (N)

Lösungswort:

A	B	C	D	E	F	G
G	O	B	E	L	I	N

Seite 23

Montag erledigt ☐ kontrolliert ☐

Rechne die Aufgaben aus und schreibe die Lösungen in die freien Felder.

A	537 - 139 =	398	G	726 - 298 =	428
B	921 - 376 =	545	H	812 - 276 =	536
C	812 - 423 =	389	I	655 - 479 =	176
D	741 - 373 =	368	J	724 - 385 =	339
E	614 - 227 =	387	K	667 - 289 =	378
F	763 - 398 =	365	L	851 - 393 =	458

Dienstag erledigt ☐ kontrolliert ☐

Subtrahiere die Zahlen. Aus den Kennbuchstaben der richtigen Lösungen ergibt sich ein Lösungswort.

A) 513 − 224 = 289 ☐289 (R)

B) 834 − 475 = 359 ☐359 (E)

C) 521 − 134 = 387 ☐387 (I)

D) 735 − 378 = 357 ☐357 (H)

E) 841 − 556 = 285 ☐285 (E)

F) 604 − 287 = 317 ☐317 (R)

Lösungswort:

A	B	C	D	E	F
R	E	I	H	E	R

Mittwoch erledigt ☐ kontrolliert ☐

Dividiere die Zahlen. Aus den Kennbuchstaben der richtigen Lösungen ergibt sich ein Lösungswort.

A 99 : 9 — 11 (S)

B 60 : 5 — 12 (T)

C 91 : 7 — 13 (A)

D 84 : 12 — 7 (D)

E 96 : 6 — 16 (I)

F 72 : 8 — 9 (O)

G 75 : 15 — 5 (N)

Lösungswort:

A	B	C	D	E	F	G
S	T	A	D	I	O	N

Donnerstag erledigt ☐ kontrolliert ☐

Sind diese Verkehrszeichen alle achsensymmetrisch? Die Buchstaben der richtigen Lösungen ergeben das Lösungswort.

☐ja (H) — ☐nein (U) — ☐ja (H) — ☐ja (N)

Lösungswort:

A	B	C	D
H	U	H	N

Freitag erledigt ☐ kontrolliert ☐

Miss die Strecken und vergleiche deine Messung mit den Lösungen.

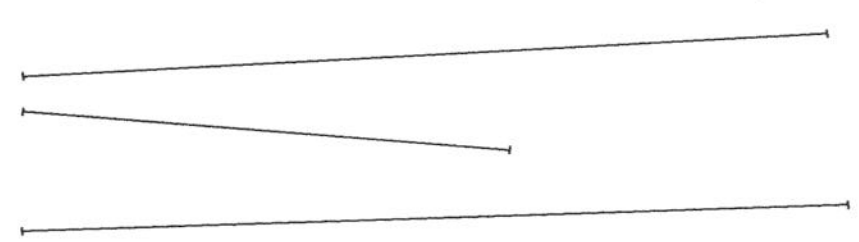

A) 7,6 cm (B)

B) 4,8 cm (A)

C) 8,5 cm (D)

Lösungswort:

A	B	C
B	A	D

Lösungen

Seite 24

Montag erledigt ☐ kontrolliert ☐

Addiere die Zahlen. Aus den Kennbuchstaben der richtigen Lösungen ergibt sich ein Lösungswort.

A) 339 + 475 = 814 — ☐814 (W)

B) 483 + 358 = 841 — ☐841 (I)

C) 156 + 372 = 528 — ☐528 (C)

D) 618 + 249 = 867 — ☐867 (H)

E) 437 + 366 = 803 — ☐803 (T)

Lösungswort:

A	B	C	D	E
W	I	C	H	T

Dienstag erledigt ☐ kontrolliert ☐

Rechne die Aufgaben aus und verbinde die Aufgaben mit den zugehörigen Lösungen.

A	7 • 80 + 40 =	600
B	9 • 70 + 20 =	650
C	8 • 60 + 70 =	550
D	6 • 90 + 70 =	610
E	8 • 70 + 60 =	620

Mittwoch erledigt ☐ kontrolliert ☐

Zeichne das Muster weiter. Du kannst dein Bild farbig ausmalen.

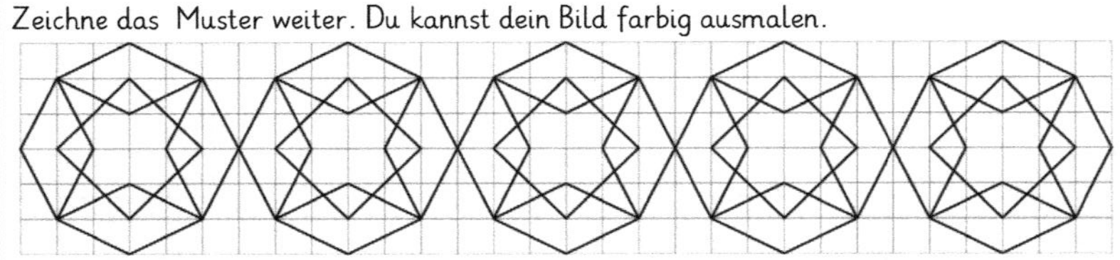

Donnerstag erledigt ☐ kontrolliert ☐

Kreuze das Hohlmaß an, das den gleichen Wert wie vorher angibt. Die Buchstaben zur richtigen Lösung ergeben das Lösungswort.

A) 2 l 10 ml — 2010 ml (R)
B) 1720 ml — 1 l 720 ml (I)
C) 5006 ml — 5 l 6 ml (E)
D) 2100 ml — 2 l 100 ml (G)
E) 3080 ml — 3 l 80 ml (E)
F) 5 l 700 ml — 5700 ml (L)

Lösungswort:

A	B	C	D	E	F
R	I	E	G	E	L

Freitag erledigt ☐ kontrolliert ☐

Handelt es sich um ein Würfelnetz, ein Quadernetz oder keins von beiden? Kreuze an.

A) 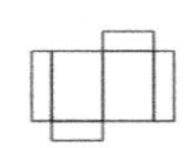
O Würfelnetz
O Quadernetz
☒ weder noch

B) 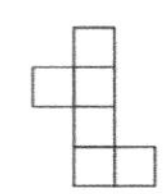
☒ Würfelnetz
O Quadernetz
O weder noch

C) 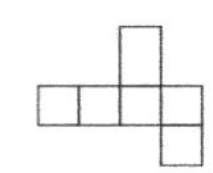
O Würfelnetz
O Quadernetz
☒ weder noch

Seite 25

Montag erledigt ☐ kontrolliert ☐

Rechne jede Aufgabe im Kopf aus. Verbinde die Aufgabe mit der zugehörigen Lösungszahl.

A) 231-95 = — 136
B) 741 - 78 = — 663
C) 516 - 89 = — 427
D) 812 - 93 = — 719

Dienstag erledigt ☐ kontrolliert ☐

Übertrage die Kettenaufgaben aus der Tabelle in die freien Felder und rechne sie im Kopf aus.

+	370	215	96	187	-
185	J		B	H	146
236		F	L	D	146
310	G	I	A		139
289	C		E	K	139

A	310 + 96 - 139 = 267	B	185 + 96 - 146 = 135
C	289 + 370 - 139 = 520	D	236 + 187 - 146 = 277
E	289 + 96 - 139 = 246	F	236 + 215 - 146 = 305
G	310 + 370 - 139 = 541	H	185 + 187 - 146 = 226
I	310 + 215 - 139 = 386	J	185 + 370 - 146 = 409
K	289 + 187 - 139 = 337	L	236 + 96 - 146 = 186

Mittwoch erledigt ☐ kontrolliert ☐

Kreuze die am Zahlenstrahl angezeigte Zahl an. Aus den Kennbuchstaben der Lösungen ergibt sich ein Lösungswort.

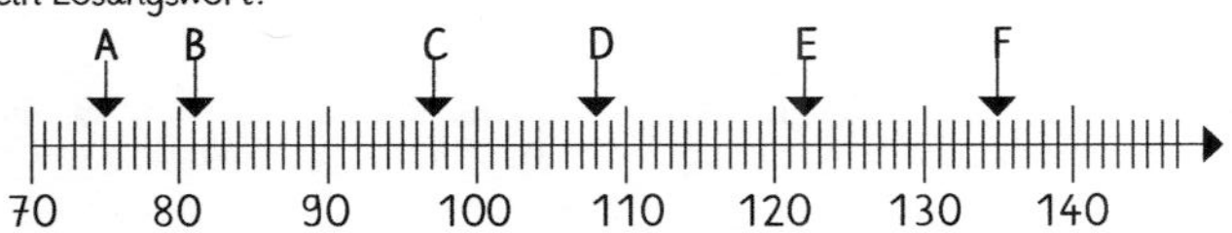

A ☐74 (S) B ☐81 (O) C ☐97 (L) D ☐108 (D) E ☐122 (A) F ☐135 (T)

Lösungswort:

A	B	C	D	E	F
S	O	L	D	A	T

Donnerstag erledigt ☐ kontrolliert ☐

Welche Buchstaben haben eine senkrechte Symmetrieachse, welche eine waagerechte?

A) **T** senkrecht (S)
B) **D** waagerecht (C)
C) **G** weder noch (H)
D) **E** waagerecht (A)
E) **A** senkrecht (F)

Lösungswort:

A	B	C	D	E
S	C	H	A	F

Freitag erledigt ☐ kontrolliert ☐

Miss die Strecken und vergleiche deine Messung mit den Lösungen.

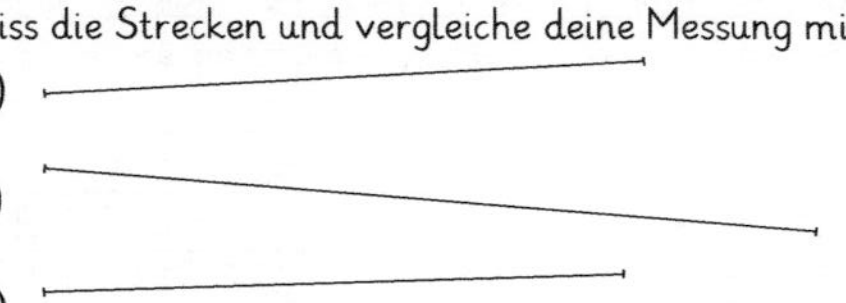

A) (W)
B) 7,6 cm (A)
C) 6,0 cm (L)

Lösungswort:

A	B	C
W	A	L

Lösungen

Seite 26

Montag (erledigt ☐ kontrolliert ☐)

Rechne die Aufgaben aus und schreibe die Lösungen in die freien Felder.

A	356 + 478 =	834	G	345 + 296 =	641
B	264 + 578 =	842	H	654 + 186 =	840
C	483 + 369 =	852	I	377 + 555 =	932
D	174 + 457 =	631	J	346 + 375 =	721
E	586 + 145 =	731	K	483 + 458 =	941
F	453 + 148 =	601	L	566 + 179 =	745

Dienstag (erledigt ☐ kontrolliert ☐)

Multipliziere die Zahlen miteinander. Aus den Kennbuchstaben der richtigen Lösungen ergibt sich das Lösungswort.

A 34 · 200 — 6800 (S)
B 14 · 600 — 8400 (Ä)
C 90 · 25 — 2250 (N)
D 40 · 125 — 5000 (F)
E 40 · 150 — 6000 (T)
F 72 · 50 — 3600 (E)

Lösungswort:

A	B	C	D	E	F
S	Ä	N	F	T	E

Mittwoch (erledigt ☐ kontrolliert ☐)

Dividiere die Zahlen. Aus den Kennbuchstaben der richtigen Lösungen ergibt sich ein Lösungswort.

A 85 : 5 — 17 (E)
B 138 : 6 — 23 (R)
C 68 : 4 — 17 (O)
D 198 : 9 — 22 (S)
E 121 : 11 — 11 (I)
F 84 : 3 — 28 (O)
G 84 : 7 — 12 (N)

Lösungswort:

A	B	C	D	E	F	G
E	R	O	S	I	O	N

Donnerstag (erledigt ☐ kontrolliert ☐)

Spiegele an der gekennzeichneten Achse. Du erhältst ein Wort. Wie heißt es?

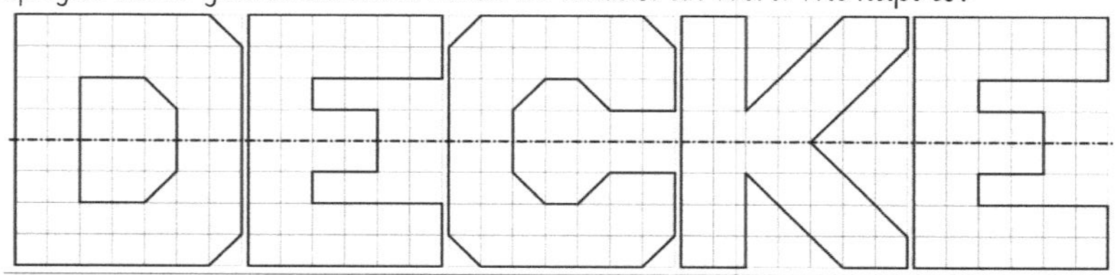

Freitag (erledigt ☐ kontrolliert ☐)

Frau Meier hat eingekauft. Was muss sie bezahlen?

A	Betrag: 5,62 €
1 Kopfsalat	1,15 €
6 Tomaten	1,53 €
Petersilie	0,65 €
Äpfel	2,29 €

B	Betrag: 5,88 €
Müsli	1,99 €
Leberkäse	1,69 €
Zitronen	0,99 €
Nektarinen	1,21 €

C	Betrag: 10,16 €
Kaffee	6,99 €
Leberkäse	1,69 €
Camembert	0,49 €
Zitronen	0,99 €

D	Betrag: 4,22 €
Camembert	0,49 €
Zitronen	0,99 €
Nektarinen	1,21 €
6 Tomaten	1,53 €

Seite 27

Montag (erledigt ☐ kontrolliert ☐)

Subtrahiere die Zahlen. Aus den Kennbuchstaben der richtigen Lösungen ergibt sich ein Lösungswort.

A 613 − 344 = 269 ☐269 (I)
B 935 − 436 = 499 ☐499 (M)
C 724 − 267 = 457 ☐457 (K)
D 817 − 549 = 268 ☐268 (E)
E 502 − 368 = 134 ☐134 (R)

Lösungswort:

A	B	C	D	E
I	M	K	E	R

Dienstag (erledigt ☐ kontrolliert ☐)

Rechne die Aufgaben aus und schreibe die Lösungen in die freien Felder unter den Aufgaben.

A (3, 5, 7)	B (1, 4, 6)	C (9, 7, 3)	D (4, 7, 8)
kleinste Zahl mal größte Zahl minus mittlere Zahl	mittlere Zahl mal größte Zahl plus kleinste Zahl	größte Zahl mal mittlere Zahl minus kleinste Zahl	kleinste Zahl mal größte Zahl plus mittlere Zahl
16	25	60	39

Mittwoch (erledigt ☐ kontrolliert ☐)

Kreuze an, ob die Folgezahl größer, kleiner oder gleich ist. Aus den Kennbuchstaben der richtigen Lösung ergibt sich ein Lösungswort.

A 576 (B) > 567
B 119 (I) = 119
C 464 (R) > 463
D 356 (N) < 365
E 912 (E) > 902

Lösungswort:

A	B	C	D	E
B	I	R	N	E

Donnerstag (erledigt ☐ kontrolliert ☐)

Bestimme die Uhrzeit. Die Buchstaben der richtigen Lösungen ergeben das Lösungswort.

A 23:22 — Wie spät ist es in 3 h 46 min? ☐03:08 (M)
B 17:03 — Wie spät ist es in 2 h 15 min? ☐19:18 (A)
C 08:57 — Wie spät ist es in 3 h 12 min? ☐12:09 (L)
D 10:38 — Wie spät ist es in 4 h 39 min? ☐15:17 (E)
E 20:07 — Wie spät ist es in 2 h 36 min? ☐22:43 (R)

A	B	C	D	E
M	A	L	E	R

Freitag (erledigt ☐ kontrolliert ☐)

Miss die Strecken und vergleiche deine Messung mit den Lösungen.

A)
B)
C)

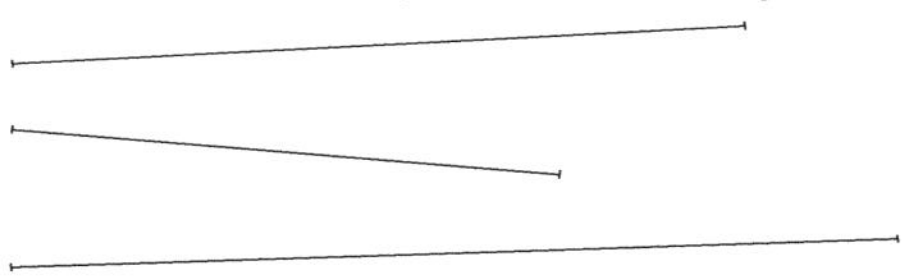

7,2 cm (A)
5,4 cm (S)
8,7 cm (T)

Lösungswort:

A	B	C
A	S	T

Lösungen

Seite 28

Montag – erledigt ☐ kontrolliert ☐

A) Immer 75 weiter: 59 – 134 – 209 – 284 – 359 – 434 – 509

B) Immer 97 weiter: 42 – 139 – 236 – 333 – 430 – 527 – 624

C) Immer 123 weiter: 169 – 292 – 415 – 538 – 661 – 784 – 907

Dienstag – erledigt ☐ kontrolliert ☐

Ergänze die Rechendreiecke, indem du zwei benachbarte Zahlen im Dreieck addierst.

	A	B	C	D
Innen oben	67	59	93	38
Innen links	89	78	48	75
Innen rechts	68	94	85	69
Außen links	156	137	141	113
Außen rechts	135	153	178	107
Außen unten	157	172	133	144

Mittwoch – erledigt ☐ kontrolliert ☐

Frau Meier geht einkaufen und hat den angegebenen Betrag in ihrem Geldbeutel. Kreuze an, wie viel Geld sie noch hat, wenn sie die in den Kästen gezeigten Beträge gezahlt hat. Die Buchstaben hinter den richtigen Lösungen ergeben das Lösungswort.

A) **€ 45,73** – € 12,50 | € 13,75 – € 19,48 (P)

B) **€ 70,92** – € 37,43 | € 29,90 – € 3,59 (R)

C) **€ 32,18** – € 13,65 | € 12,10 – € 6,43 (A)

D) **€ 61,57** – € 40,80 | € 11,23 – € 9,54 (G)

Lösungswort:

A	B	C	D
P	R	A	G

Donnerstag – erledigt ☐ kontrolliert ☐

Wie viel Zeit ist vergangen? Gib in Stunden und Minuten an.

	Start	Ende	Ergebnis
A	14:34	15:52	1 h 18 min
B	12:21	17:03	4 h 42 min
C	04:34	08:52	4 h 18 min
D	11:07	12:59	1 h 52 min

Freitag – erledigt ☐ kontrolliert ☐

Miss die Strecken und vergleiche deine Messung mit den Lösungen. Aus den Kennbuchstaben der richtigen Lösungen ergibt sich das Lösungswort.

A) 2,4 cm (V))

B) 5,4 cm (E)

C) 5,9 cm (R)

D) 3,9 cm (S)

Lösungswort:

A	B	C	D
V	E	R	S

Seite 29

Montag – erledigt ☐ kontrolliert ☐

Rechne jede Aufgabe im Kopf aus. Verbinde die Aufgabe mit der zugehörigen Lösungszahl.

A) 695 + 87 = 782

B) 789 + 58 = 847

C) 558 + 74 = 632

D) 495 + 87 = 582

Dienstag – erledigt ☐ kontrolliert ☐

Rechne jede Aufgabe im Kopf aus. Verbinde die Aufgabe mit der zugehörigen Lösungszahl.

A) 818 - 97 = 721

B) 763 - 79 = 684

C) 616 - 87 = 529

D) 451 - 72 = 379

Mittwoch – erledigt ☐ kontrolliert ☐

Wie viele Würfel werden jeweils benötigt? Die Kennbuchstaben der richtigen Antworten ergeben ein Lösungswort.

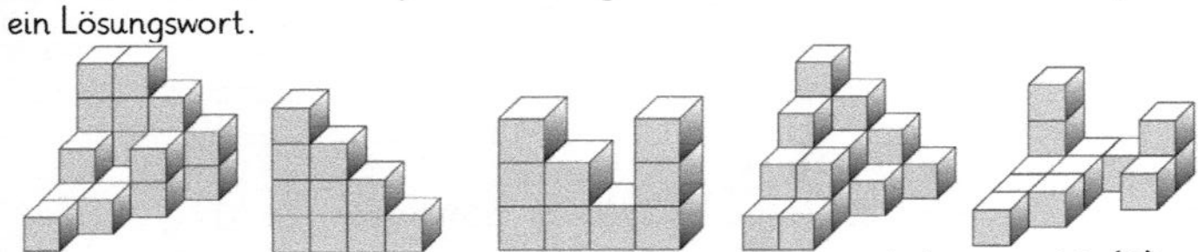

21 (M) 10 (A) 9 (J) 22 (O) 13 (R)

Lösungswort:

A	B	C	D	E
M	A	J	O	R

Donnerstag – erledigt ☐ kontrolliert ☐

Mo	Di	Mi	Do	Fr	Sa	So
				1	2	3
4	5	6	7	8	9	10
11	12	13	14	15	16	17
18	19	20	21	22	23	24
25	26	27	28	29	30	

A) Heute ist der 9. September. Welches Datum ist 14 Tage später? **23.09.**

B) Heute ist der 7. November. Welches Datum ist 17 Tage später? **24.11.**

C) Heute ist der 5. April. Welches Datum ist 22 Tage später? **27.04.**

D) Heute ist der 2. Juni. Welches Datum ist 3 Wochen später? **23.06.**

Freitag – erledigt ☐ kontrolliert ☐

Bestimme die Anzahl der Kanten der abgebildeten Körper. Die Buchstaben der richtigen Lösungen ergeben das Lösungswort.

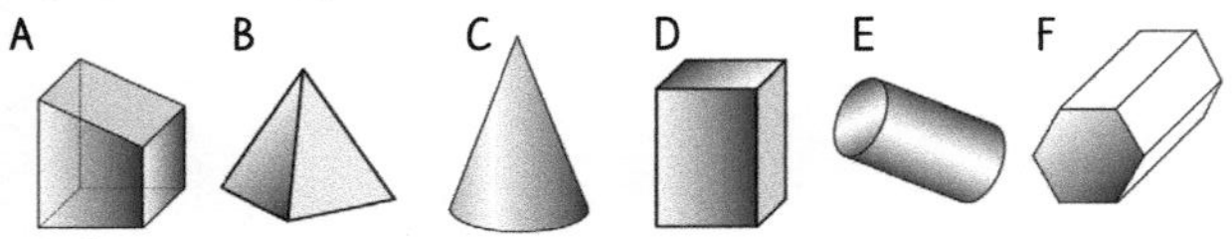

A 12 (M) B 8 (A) C 1 (D) D 12 (R) E 2 (I) F 18 (D)

Lösungswort:

A	B	C	D	E	F
M	A	D	R	I	D

Seite 31

Montag erledigt ☐ kontrolliert ☐

Rechne die Aufgaben aus und schreibe die Lösungen in die freien Felder.

A	810 - 570 =	240
B	730 - 580 =	150
C	610 - 340 =	270

D	940 - 550 =	390
E	530 - 280 =	250
F	410 - 150 =	260

Dienstag erledigt ☐ kontrolliert ☐

Subtrahiere jeweils von der größeren die kleinere Zahl.

A)
913 | 486 | 324 | 259
427 | 162 | 65
265 | 97
168

B)
874 | 656 | 478 | 319
218 | 178 | 159
40 | 19
21

C)
772 | 389 | 245 | 123
383 | 144 | 122
239 | 22
217

Mittwoch erledigt ☐ kontrolliert ☐

Dividiere und schreibe den Rest dazu.

A)

:	12
62	5 R 2
85	7 R 1
131	10 R 11

B)

:	9
67	7 R 4
89	9 R 8
112	12 R 4

C)

:	8
27	3 R 3
89	11 R 1
113	14 R 1

D)

:	7
85	12 R 1
114	16 R 2
143	20 R 3

E)

:	5
72	14 R 2
89	17 R 4
103	20 R 3

F)

:	11
87	7 R 10
123	11 R 2
199	18 R 1

G)

:	13
67	5 R 2
89	6 R 11
142	10 R 12

H)

:	6
127	21 R 1
89	14 R 5
154	25 R 4

Donnerstag erledigt ☐ kontrolliert ☐

Berechne. Gib in Stunden und Minuten an.

A Ein Bus startet um 9:30 Uhr und fährt bis 14:00 Uhr. Wie lange war er unterwegs?

4 h 30 min

B Uwe fährt 1 h und 20 min mit dem Zug. Abfahrt war um 12:55 Uhr. Wann kommt er an?

14:15 Uhr

C Wie viel Zeit ist vergangen an diesem Vormittag?

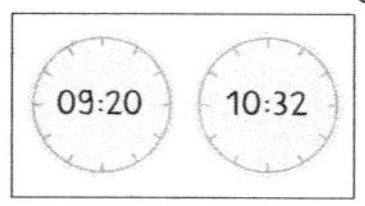

1 h 12 min

Freitag erledigt ☐ kontrolliert ☐

Ergänze zum angegebenen Wert.

A)

1 l
250 ml + 750 ml
573 ml + 427 ml
912 ml + 88 ml
175 ml + 825 ml

B)

2 l
190 ml + 1810 ml
650 ml + 1350 ml
630 ml + 1370 ml
250 ml + 1750 ml

C)

700 ml
190 ml + 510 ml
233 ml + 467 ml
470 ml + 230 ml
107 ml + 593 ml

D)

2 l 50 ml
760 ml + 1290 ml
800 ml + 1250 ml
650 ml + 1400 ml
910 ml + 1140 ml

Seite 30

Montag erledigt ☐ kontrolliert ☐

Rechne die Aufgaben aus und schreibe die Lösungen unter die Aufgaben.

	A	B	C	D	E	F	G	H
	267	392	355	544	178	324	385	473
+	359	537	169	173	146	368	364	289
	626	929	524	717	324	692	749	762

Dienstag erledigt ☐ kontrolliert ☐

Ergänze die Rechenräder.

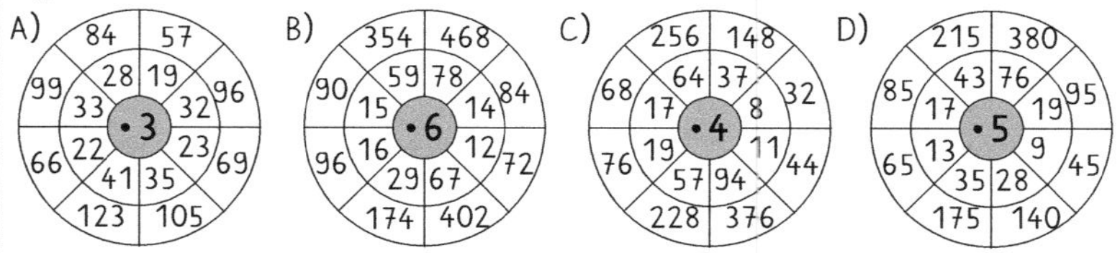

Mittwoch erledigt ☐ kontrolliert ☐

Multipliziere und fülle die leeren Felder aus. Anschließend musst du die acht Ergebnisse addieren.

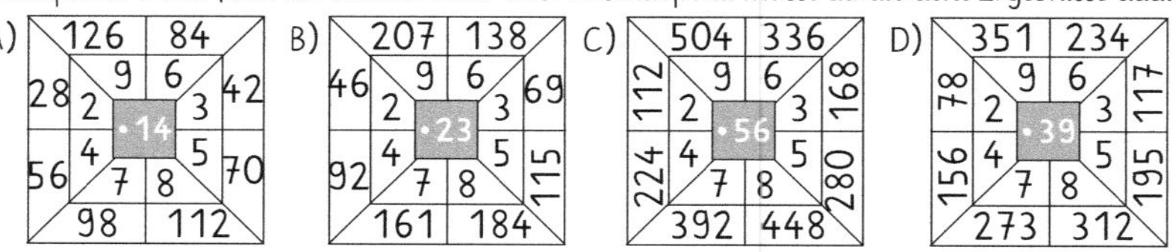

Endergebnis: 616 Endergebnis: 1012 Endergebnis: 2464 Endergebnis: 1716

Donnerstag erledigt ☐ kontrolliert ☐

Ermittle, welche Zahl im ersten Feld steht.

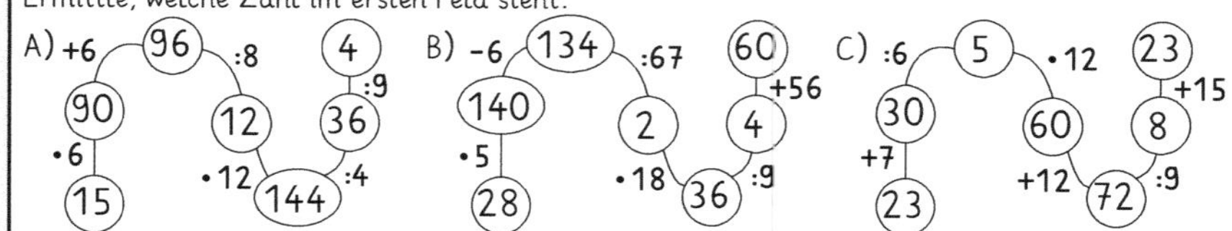

Freitag erledigt ☐ kontrolliert ☐

Zeichne das Muster weiter. Du kannst dein Bild farbig ausmalen.

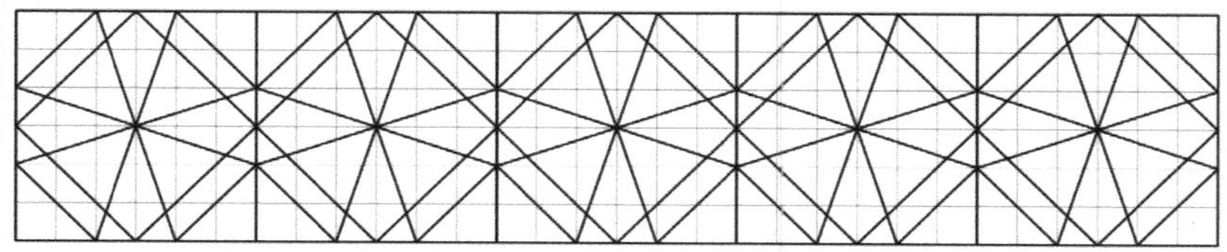

Lösungen

Seite 32

Montag erledigt ☐ kontrolliert ☐

Addiere die Zahlen. Aus den Kennbuchstaben der richtigen Lösungen ergibt sich ein Lösungswort.

A

	7	6	5
+	1	8	9
	9	5	4

☐954 (Q)

B

	5	5	8
+	2	7	3
	8	3	1

☐831 (U)

C

	2	7	4
+	3	9	8
	6	7	2

☐672 (A)

D

	5	8	7
+	2	2	6
	8	1	3

☐813 (L)

E

	4	3	2
+	3	6	9
	8	0	1

☐801 (M)

Lösungswort:

A	B	C	D	E
Q	U	A	L	M

Dienstag erledigt ☐ kontrolliert ☐

Rechne die Aufgaben aus und schreibe die Lösungen in die freien Felder unter den Aufgaben.

A (3) (15) (7) – kleinste Zahl mal größte Zahl minus mittlere Zahl: **38**

B (11) (14) (8) – mittlere Zahl mal größte Zahl plus kleinste Zahl: **162**

C (9) (17) (3) – größte Zahl mal mittlere Zahl minus kleinste Zahl: **150**

D (19) (7) (8) – größte Zahl mal mittlere Zahl minus kleinste Zahl: **145**

Mittwoch erledigt ☐ kontrolliert ☐

Ergänze die Rechendreiecke, indem du zwei benachbarte Zahlen im Dreieck addierst.

	A	B	C	D
oben	53	29	47	78
unten links	79	67	72	65
unten rechts	86	74	98	57
Summe links	132	96	119	143
Summe rechts	139	103	145	135
Summe unten	165	141	170	122

Donnerstag erledigt ☐ kontrolliert ☐

Rechnen mit Geld

A) Anna kauft: 50 Cent. Sie bezahlt mit:

Rückgeld? 10 Cent

B) Kai kauft: 0,55 €. Er bezahlt mit:

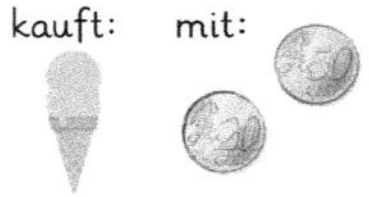

Rückgeld? 15 Cent

C) Björn kauft: 8,10 €. Er bezahlt mit:

Rückgeld? 90 Cent

Freitag erledigt ☐ kontrolliert ☐

Bestimme die Anzahl der Ecken der abgebildeten Körper. Die Buchstaben der richtigen Lösungen ergeben das Lösungswort.

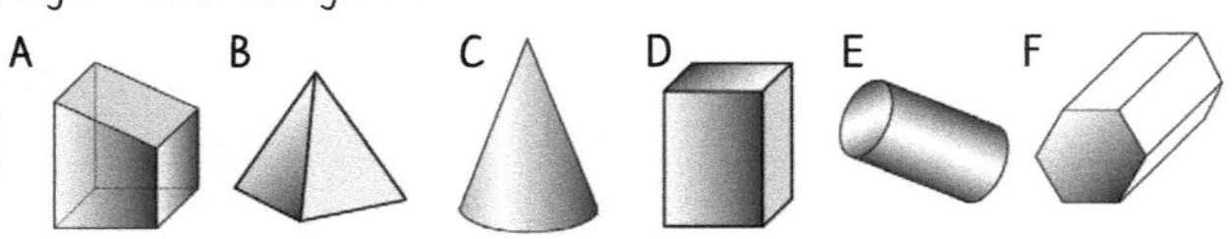

A 8 (P) B 5 (A) C 1 (N) D 8 (A) E 0 (M) F 12 (A)

Lösungswort:

A	B	C	D	E	F
P	A	N	A	M	A

Seite 33

Montag erledigt ☐ kontrolliert ☐

Rechne jede Aufgabe im Kopf aus. Verbinde die Aufgabe mit der zugehörigen Lösungszahl.

A) 342 - 87 = → 245 / 265 / **255**

B) 604 - 86 = → **518** / 508 / 528

C) 511 - 55 = → 436 / **456** / 446

D) 710 - 96 = → 624 / 604 / **614**

Dienstag erledigt ☐ kontrolliert ☐

Kreuze bei jeder Aufgabe an, welche Rechnung zur Lösung der Aufgabe führt. Übertrage dann die Zahlen in die leeren Felder und rechne die Aufgaben schriftlich aus.

A

	907 = 398 + 509		9	0	7
	907 + 398 =	-	3	9	8
X	907 - 398 = 509		5	0	9

B

	273 = 748 - 475		4	7	5
X	475 + 273 = 748	+	2	7	3
	475 - 273 =		7	4	8

C

	564 + 259 = 823		8	2	3
	823 + 564 =	-	5	6	4
X	823 - 564 = 259		2	5	9

D

	747 - 294 = 453		4	5	3
X	453 + 294 = 747	+	2	9	4
	453 - 294 =		7	4	7

Mittwoch erledigt ☐ kontrolliert ☐

Ergänze die Tabellen.

Figur	Dreieck	Kreis	Quadrat	Achteck
Name	Dreieck	Kreis	Quadrat	Achteck
Anzahl der Seiten	3	-	4	8
Anzahl der Ecken	3	-	4	8

Donnerstag erledigt ☐ kontrolliert ☐

Welche Maßeinheit (t, kg, g, mg) würdest du für die abgebildeten Dinge wählen?

A  t

B 

mg

C  t

D  g

E  g

Freitag erledigt ☐ kontrolliert ☐

Wie sehen die Baupläne für die einzelnen Würfelgebäude aus? Ergänze den Bauplan und bestimme die Anzahl der benötigten Würfel.

3	1	4	2
2			1
1			
2	1		

17

4	2	2	1	
2	1			
2	1			
2	1	1	1	1

21

4	4	3	2
2	1	2	
1	1		
1			

21

4	4	3	2	1
2	1	2		
1	1			
2	1	1	1	

26

4	3	2	1
3	2	1	
2	2		
1	1		

22

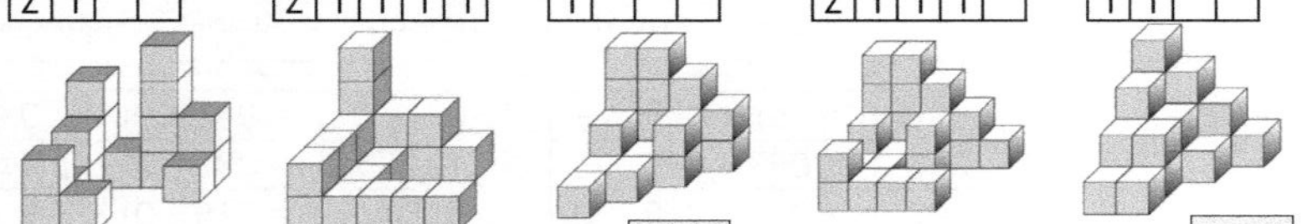

Lösungen

Montag erledigt ☐ kontrolliert ☐

Schreibe die Zahlen untereinander und addiere.

A 19,5 + 15,7

	1	9,	5
+	1	5,	7
	3	5,	2

B 16,8 + 27,9

	1	6,	8
+	2	7,	9
	4	4,	7

C 14,3 + 35,8

	1	4,	3
+	3	5,	8
	5	0,	1

D 29,7 + 15,4

	2	9,	7
+	1	5,	4
	4	5,	1

E 37,2 + 25,9

	3	7,	2
+	2	5,	9
	6	3,	1

Dienstag erledigt ☐ kontrolliert ☐

Löse alle Aufgaben im Kopf und schreibe die Lösungen in die freien Felder.

A	343 +	557	= 900	B	294 +	506	= 800	C	189 +	811	= 1000
	255 +	645	= 900		487 +	313	= 800		421 +	579	= 1000
	168 +	732	= 900		372 +	428	= 800		596 +	404	= 1000
	293 +	607	= 900		267 +	533	= 800		369 +	631	= 1000

Mittwoch erledigt ☐ kontrolliert ☐

Ermittle, welche Zahl im ersten Feld steht.

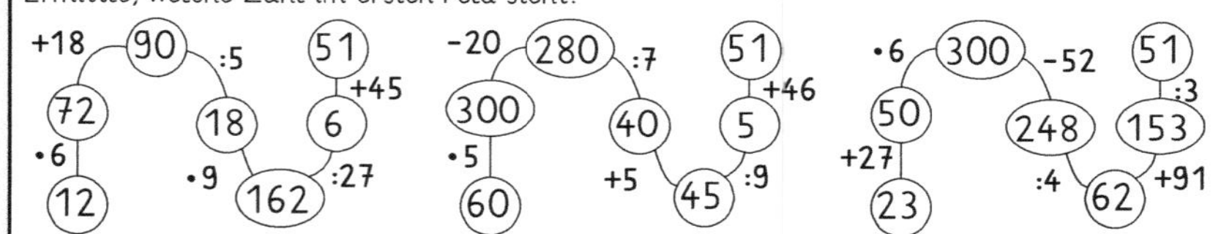

Donnerstag erledigt ☐ kontrolliert ☐

Berechne.

A) Ines sitzt von 14:16 Uhr bis 15:34 Uhr im Schulbus. Wie lange ist das?

1 h 18 min

B) Wie viel Zeit ist vergangen an diesem Abend?

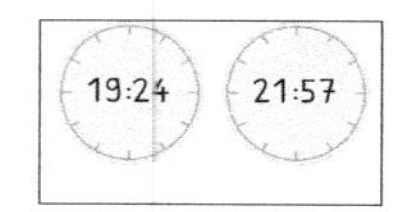

2 h 33 min

C) Der Zug hatte 23 Minuten Verspätung und fuhr um 15:07 Uhr ab. Wann hätte er abfahren müssen?

14:44 Uhr

D) Eine Zugfahrt dauert von 9:26 Uhr bis 12:48 Uhr. Wie lange ist das?

3 h 22 min

Freitag erledigt ☐ kontrolliert ☐

Sechs Restaurants bieten einen Mittagstisch an, bestehend aus Vorspeise, Hauptgericht und Nachtisch, den sich die Gäste selbst zusammenstellen können. Die Anzahl ist allerdings bei allen Restaurants unterschiedlich. Bestimme, wie viele verschiedene Speisefolgen sich ein Gast bestellen kann.

A **Zum lustigen Wirt**
3 Vorspeisen
4 Hauptgerichte
2 Desserts
24

B **Chez Louise**
3 Vorspeisen
5 Hauptgerichte
1 Dessert
15

C **Beim Heurigen**
2 Vorspeisen
2 Hauptgerichte
3 Desserts
12

D **Im alten Garten**
4 Vorspeisen
4 Hauptgerichte
4 Desserts
64

E **Haus Vielfraß**
1 Vorspeise
7 Hauptgerichte
4 Desserts
28

F **Am Grillspieß**
5 Vorspeisen
6 Hauptgerichte
3 Desserts
90

Montag erledigt ☐ kontrolliert ☐

Rechne jede Aufgabe im Kopf aus. Verbinde die Aufgabe mit der zugehörigen Lösungszahl.

A) 756 + 87 = — 843

B) 756 + 89 = — 845

C) 539 + 75 = — 614

D) 518 + 86 = — 604

Dienstag erledigt ☐ kontrolliert ☐

Ergänze die Rechendreiecke, indem du zwei benachbarte Zahlen miteinander multiplizierst.

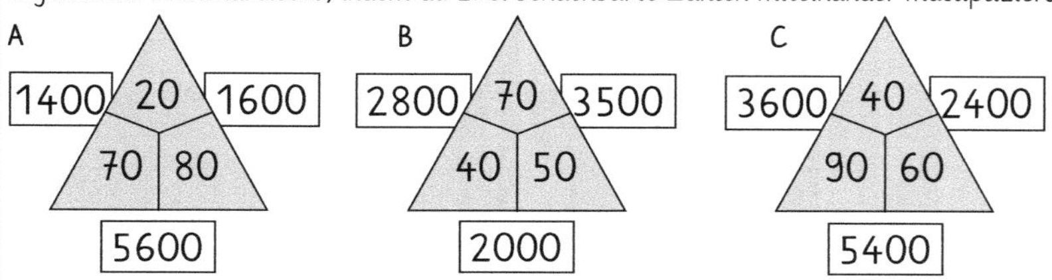

Mittwoch erledigt ☐ kontrolliert ☐

Spiegele an der gekennzeichneten Achse. Du erhältst ein Wort. Wie heißt es?

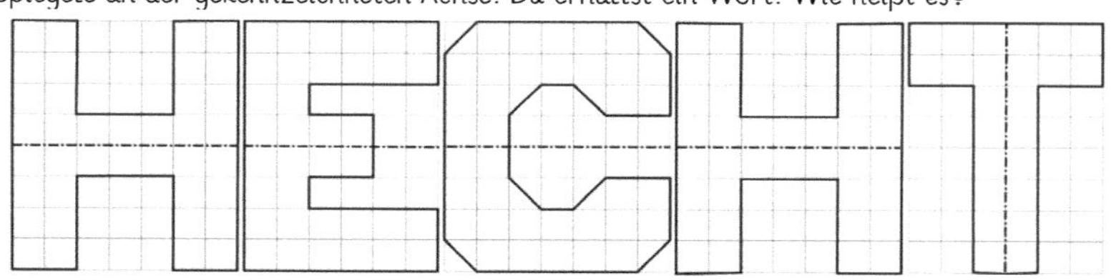

Donnerstag erledigt ☐ kontrolliert ☐

Ergänze die Rechenräder.

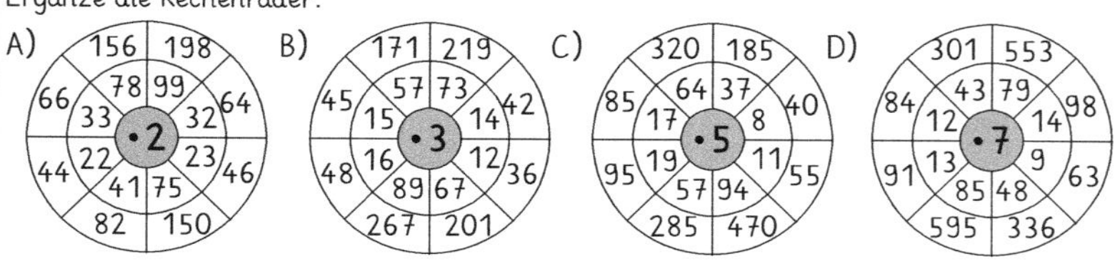

Freitag erledigt ☐ kontrolliert ☐

Der Umfang des Kreises ist in 60 gleiche Abschnitte geteilt. Durch Abzählen von Teilstrichen schaffst du es sicherlich, regelmäßige Vielecke zu zeichnen. Bei regelmäßigen Vielecken sind alle Seiten gleich lang.

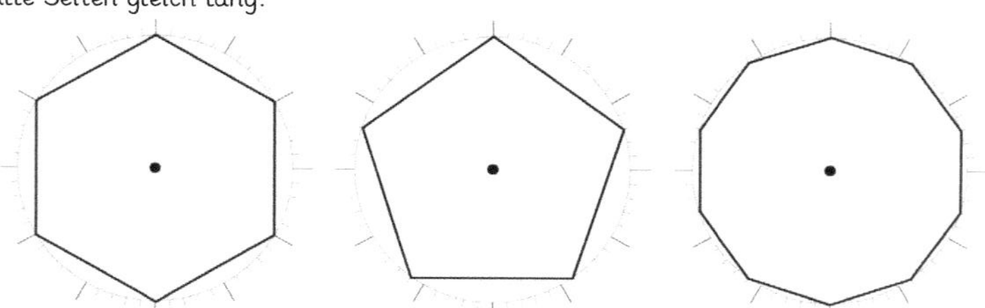

regelmäßiges Sechseck — regelmäßiges Fünfeck — regelmäßiges Zehneck

Lösungen

Seite 36

Montag (erledigt ☐ kontrolliert ☐)

Subtrahiere jeweils von der größeren die kleinere Zahl.

A) 921 | 474 | 318 | 226 → 447 | 156 | 92 → 291 | 64 → 227

B) 892 | 635 | 477 | 385 → 257 | 158 | 92 → 99 | 66 → 33

C) 792 | 365 | 217 | 118 → 427 | 148 | 99 → 279 | 49 → 230

Dienstag (erledigt ☐ kontrolliert ☐)

Übertrage die Kettenaufgaben aus der Tabelle in die freien Felder und rechne sie im Kopf aus.

+	370	215	96	187	-
185	J		B	H	146
236		F	L	D	
310	G	I	A		139
289	C		E	K	

A	310 + 96 - 139 = 267	B	185 + 96 - 146 = 135
C	289 + 370 - 139 = 520	D	236 + 187 - 146 = 277
E	289 + 96 - 139 = 246	F	236 + 215 - 146 = 305
G	310 + 370 - 139 = 541	H	185 + 187 - 146 = 226
I	310 + 215 - 139 = 386	J	185 + 370 - 146 = 409
K	289 + 187 - 139 = 337	L	236 + 96 - 146 = 186

Mittwoch (erledigt ☐ kontrolliert ☐)

Kreuze die am Zahlenstrahl angezeigte Zahl an. Aus den Kennbuchstaben der Lösungen ergibt sich ein Lösungswort.

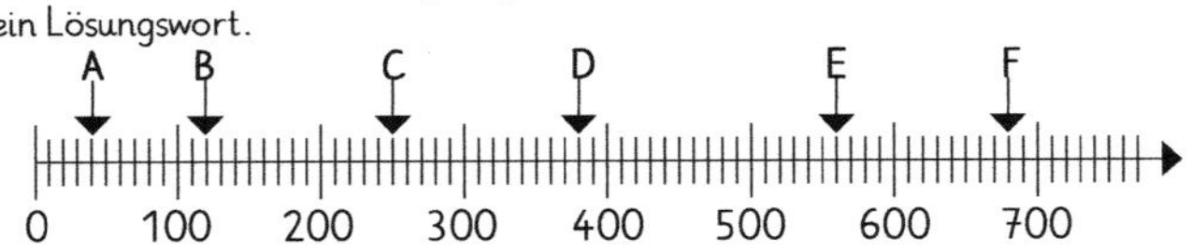

A ☐ 40 (W) B ☐ 120 (I) C ☐ 250 (S) D ☐ 380 (E) E ☐ 560 (N) F ☐ 680 (T)

Lösungswort:

A	B	C	D	E	F
W	I	S	E	N	T

Donnerstag (erledigt ☐ kontrolliert ☐)

Welche Buchstaben haben eine senkrechte Symmetrieachse, welche eine waagerechte?

A) **M** senkrecht (K)
B) **C** waagerecht (O)
C) **O** beides (P)
D) **H** beides (I)
E) **X** beides (E)

Lösungswort:

A	B	C	D	E
K	O	P	I	E

Freitag (erledigt ☐ kontrolliert ☐)

Entscheide, ob die Feststellungen wahr oder falsch sind. Kreuze an.

A) Ein Ratte lebt länger als eine Katze.

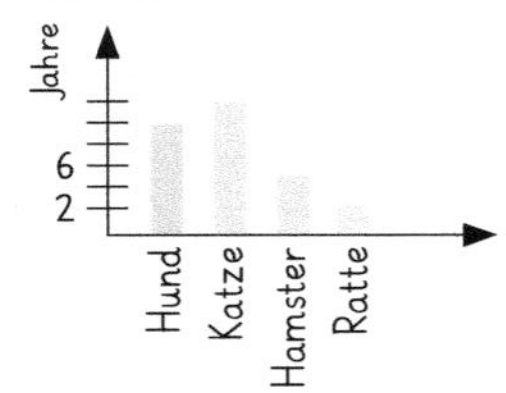

○ richtig ⊗ falsch

B) Bernd ist 12 Jahre alt.

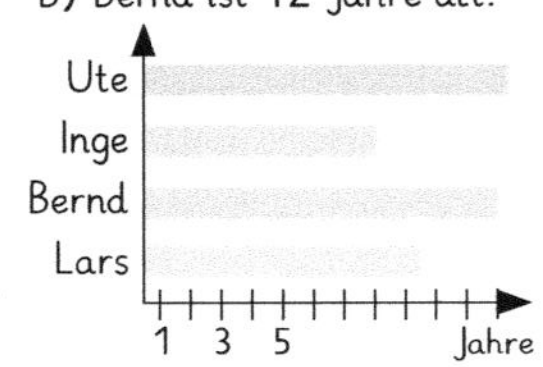

⊗ richtig ○ falsch

C) Gerd erhält das meiste Taschengeld?

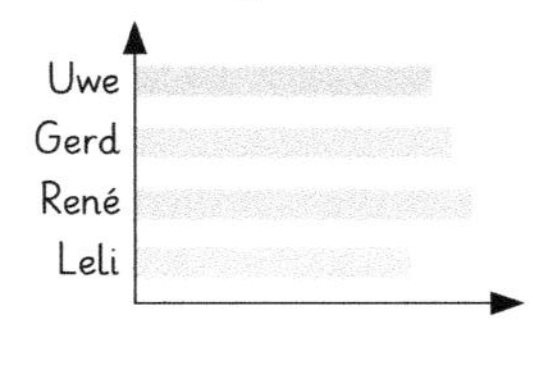

○ richtig ⊗ falsch

Seite 37

Montag (erledigt ☐ kontrolliert ☐)

Rechne die Aufgaben aus und schreibe die Lösungen in die freien Felder.

A	356 + 478 =	834	G	345 + 296 =	641
B	264 + 578 =	842	H	654 + 186 =	840
C	483 + 369 =	852	I	377 + 555 =	932
D	174 + 457 =	631	J	346 + 375 =	721
E	586 + 145 =	731	K	483 + 458 =	941
F	453 + 148 =	601	L	566 + 179 =	745

Dienstag (erledigt ☐ kontrolliert ☐)

Rechne die Aufgaben aus und verbinde die Aufgaben mit den zugehörigen Lösungen.

A	3 • 80 + 10 =		200
B	9 • 40 + 30 =		340
C	5 • 60 + 40 =		250
D	6 • 30 + 20 =		390
E	4 • 70 + 10 =		270
F	5 • 50 + 20 =		290

Mittwoch (erledigt ☐ kontrolliert ☐)

Setze < , > oder = richtig in die Kästchen ein.

437 + 127 < 600	35 Cent = 0,35 €	7380 kg < 8,0 t
89 mm < 9 cm	88 - 13 = 75	519 + 280 < 800
8 H 7 Z 2 E < 875	89 + 23 < 122	5,76 € > 567 Cent
85 - 20 > 50	46 : 9 = 5 R 1	84 cm < 9 dm

Donnerstag (erledigt ☐ kontrolliert ☐)

Ergänze die Tabelle wie im linken Beispiel.

102 cm	318 cm	7070 m	9380 m	45 dm	102 dm	52 mm	67 mm
1 m 2 cm	3 m 18 cm	7 km 70 m	9 km 380 m	4 m 5 dm	10 m 2 dm	5 cm 2 mm	6 cm 7 mm
1,02 m	3,18 m	7,07 km	9,38 m	4,5 m	10,2 m	5,2 cm	6,7 cm

Freitag (erledigt ☐ kontrolliert ☐)

Setze das Muster fort. Du kannst dein Bild farbig anlegen.

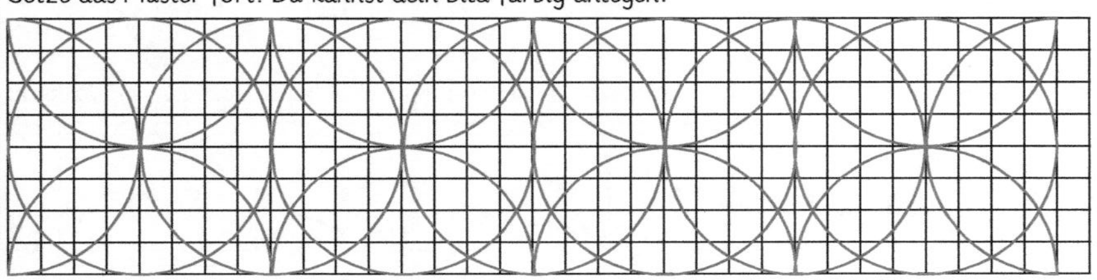

KOHL VERLAG WOCHENPLAN MATHEMATIK / Klasse 3 – Bestell-Nr. 11 399

Lösungen

Seite 38

Montag – erledigt ☐ kontrolliert ☐

Addiere die Zahlen. Aus den Kennbuchstaben der richtigen Lösungen ergibt sich ein Lösungswort.

A: 162 + 336 + 149 = 647 — ☐647 (P)

B: 196 + 259 + 127 = 582 — ☐582 (R)

C: 239 + 246 + 119 = 604 — ☐604 (I)

D: 382 + 92 + 64 = 538 — ☐538 (M)

E: 336 + 151 + 875 = 1362 — ☐1362 (A)

Lösungswort:

A	B	C	D	E
P	R	I	M	A

Dienstag – erledigt ☐ kontrolliert ☐

Rechne die Aufgaben aus. Aus den Kennbuchstaben der richtigen Lösungen ergibt sich ein Lösungswort.

914 - 458 = 456 — ☐456 (P)

821 - 456 = 365 — ☐365 (U)

732 - 369 = 363 — ☐363 (D)

815 - 576 = 239 — ☐239 (E)

703 - 367 = 336 — ☐336 (R)

Lösungswort:

A	B	C	D	E
P	U	D	E	R

Mittwoch – erledigt ☐ kontrolliert ☐

Löse halbschriftlich. Es bleibt ein Rest.

A
137 : 8 = 17 R 1
80 : 8 = 10
57 : 8 = + 7 R 1

B
284 : 6 = 47 R 2
240 : 6 = 40
44 : 6 = + 7 R 2

C
184 : 7 = 26 R 2
140 : 7 = 20
44 : 7 = + 6 R 2

D
157 : 3 = 52 R 1
150 : 3 = 50
7 : 3 = + 2 R 1

E
419 : 5 = 83 R 4
400 : 5 = 80
19 : 5 = + 3 R 4

F
355 : 4 = 88 R 3
320 : 4 = 80
35 : 4 = + 8 R 3

Donnerstag – erledigt ☐ kontrolliert ☐

Ergänze.

3 Wochen = 21 Tage
7 Wochen = 49 Tage
14 Tage = 2 Wochen
35 Tage = 5 Wochen
2 Jahre = 24 Monate

2 Jahre 5 Monate = 29 Monate
1 Jahr = 12 Monate
3 Jahre 7 Monate = 43 Monate
15 Wochen = 105 Tage
63 Tage = 9 Wochen

Freitag – erledigt ☐ kontrolliert ☐

Ergänze.

47 s + 53 s = 100 s
78 s + 42 s = 120 s
23 s + 37 s = 60 s
98 s + 82 s = 180 s
31 s + 29 s = 60 s

67 s + 53 s = 120 s
98 min + 22 min = 2 h
28 min + 32 min = 1 h
315 min + 45 min = 6 h
37 min + 23 min = 1 h

Seite 39

Montag – erledigt ☐ kontrolliert ☐

Schreibe die Zahlen untereinander und addiere.

A 3,56 + 5,38 + 0,94 = 9,88

B 7,38 + 2,03 + 0,86 = 10,27

C 4,39 + 1,74 + 0,53 = 6,66

D 4,48 + 0,63 + 2,56 = 7,67

E 2,01 + 5,22 + 3,47 = 10,70

F 2,80 + 0,81 + 2,86 = 6,47

Dienstag – erledigt ☐ kontrolliert ☐

Rechne die Geldbeträge in Cent um und multipliziere. Anschließend wandelst du den Betrag wieder in € um.

A 1,53 € • 6: ct • 6 = 918 ct = 9,18 €

B 7,84 € • 4: cm • 4 = 3136 ct = 31,36 €

C 2,27 € • 9: cm • 9 = 2043 ct = 20,43 €

D 3,75 € • 7: ct • 7 = 2625 ct = 26,25 €

E 4,17 € • 5: cm • 5 = 2085 ct = 20,85 €

F 7,19 € • 8: cm • 8 = 5752 ct = 57,52 €

Mittwoch – erledigt ☐ kontrolliert ☐

Welcher Bauplan passt zu diesem Würfelgebilde? Kreuze an!

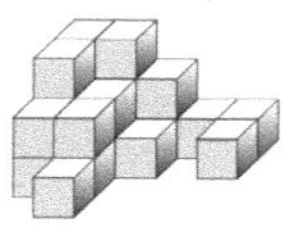

3	3	2	1	1
3	2	1		1
2	2			
	1			

X

Donnerstag – erledigt ☐ kontrolliert ☐

Runde alle Summanden auf volle Hunderter und berechne jeweils den Überschlag.

A	418 + 189 ≈	400 + 200 = 600
B	387 + 139 ≈	400 + 100 = 500
C	218 + 674 ≈	200 + 700 = 900
D	367 + 219 ≈	400 + 200 = 600
E	264 + 315 ≈	300 + 300 = 600
G	461 + 230 ≈	500 + 200 = 700
H	388 + 395 ≈	400 + 400 = 800
I	193 + 425 ≈	200 + 400 = 600
J	195 + 594 ≈	200 + 600 = 800
K	235 + 401 ≈	200 + 400 = 600

Freitag – erledigt ☐ kontrolliert ☐

Runde alle Summanden auf volle Zehner und berechne jeweils den Überschlag.

A	762 - 239 ≈	760 - 240 = 520
B	485 - 162 ≈	490 - 160 = 330
C	684 - 317 ≈	680 - 320 = 360
D	565 - 393 ≈	570 - 390 = 180
E	627 - 295 ≈	630 - 300 = 330
G	668 - 326 ≈	670 - 330 = 340
H	756 - 443 ≈	760 - 440 = 320
I	569 - 384 ≈	570 - 380 = 190
J	773 - 481 ≈	770 - 480 = 290
K	639 - 326 ≈	640 - 330 = 310

Lösungen

Seite 40

Montag erledigt ☐ kontrolliert ☐

Sechs Kinder besitzen eine unterschiedlich große Anzahl an farbigen Jeans, Hemden und Pullovern. Abgesehen davon, dass manches farblich nicht so recht zusammenpasst, sollst du herausfinden, wie viele verschiedene Möglichkeiten sie haben, sich anzuziehen. Die Buchstaben bei den richtigen Lösungen ergeben ein Lösungswort.

A) Jan 2 Pullis (P) 30
B) Carsten 2 Jeans (A) 48
C) Helge 8 Hemden (V) 96
D) Thorsten 4 Pullis (I) 60
E) Niklas 5 Jeans (A) 125
F) Matthias 7 Hemden (N) 126

Lösungswort:

A	B	C	D	E	F
P	A	V	I	A	N

Dienstag erledigt ☐ kontrolliert ☐

Löse halbschriftlich. Es bleibt kein Rest.

A
635	:	5	=	127
600	:	5	=	120
35	:	5	=	7

B
938	:	7	=	134
910	:	7	=	130
28	:	7	=	4

C
954	:	6	=	159
900	:	6	=	150
54	:	6	=	9

D
984	:	8	=	123
960	:	8	=	120
24	:	8	=	3

E
972	:	9	=	108
900	:	9	=	100
72	:	9	=	8

F
864	:	4	=	216
800	:	4	=	200
64	:	4	=	16

Mittwoch erledigt ☐ kontrolliert ☐

Rechne die Meterangaben in Zentimeter um und multipliziere. Anschließend wandelst du das Ergebnis wieder in Meter um.

A 2,83 m • 6	
cm • 6	
1698	cm
16,98	m

B 7,24 m • 7	
cm • 7	
5068	cm
50,68	m

C 4,65 m • 9	
cm • 9	
4185	cm
41,85	m

Donnerstag erledigt ☐ kontrolliert ☐

Gib die nächsten fünf Zahlen an.

A) 12, 16, 48, 52, 156, 160, 480, 484
B) 4, 16, 11, 44, 39, 156, 151, 604, 599
C) 13, 26, 17, 34, 25, 50, 41, 82, 73
D) 19, 38, 31, 62, 55, 110, 103, 206, 199
E) 9, 27, 15, 45, 33, 99, 87, 261, 249
F) 5, 20, 12, 48, 40, 160, 152, 608, 600

Freitag erledigt ☐ kontrolliert ☐

Markiere die Zahlen mit einem Pfeil und dem entsprechenden Buchstaben.

A) 180 B) 250 C) 300 D) 390 E) 430 F) 460 G) 520 H) 640

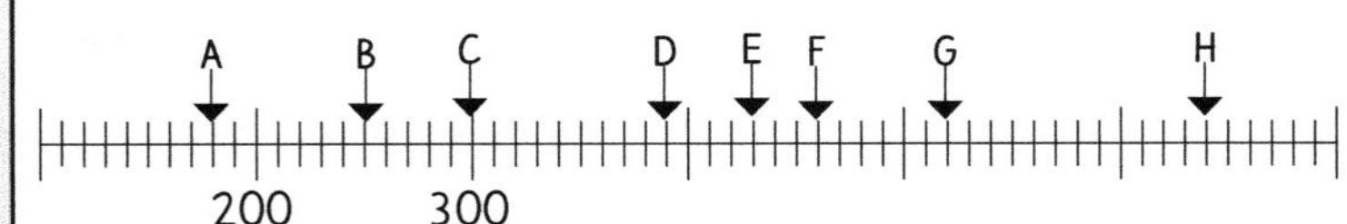

Seite 41

Montag erledigt ☐ kontrolliert ☐

Den Flächeninhalt einer ebenen Figur bestimmst du, indem du die Anzahl der quadratischen Kästchen zählst, die von dieser Fläche bedeckt werden.

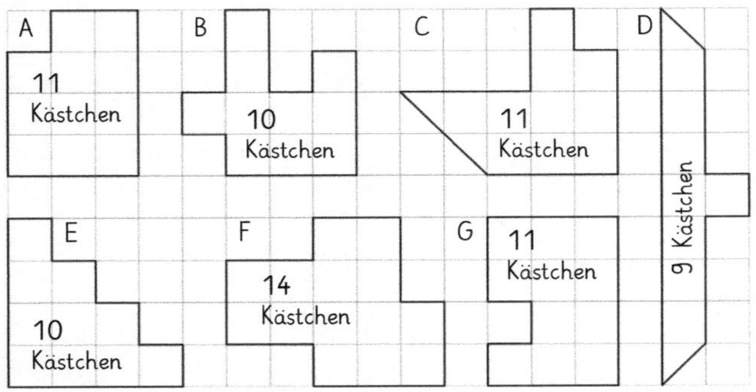

F hat den größten Flächeninhalt, D hat den kleinsten Flächeninhalt

Dienstag erledigt ☐ kontrolliert ☐

Schreibe die nächsten drei Zahlen der Zahlenfolge auf.

A) 6 →(•5) 30 →(•5) 150 →(•5) 750
B) 210 →(−25) 185 →(−25) 160 →(−25) 135
C) 768 →(: 4) 192 →(: 4) 48 →(: 4) 12
D) 5 →(•4) 20 →(•4) 80 →(•4) 320
E) 155 →(−15) 140 →(−15) 125 →(−15) 110
F) 216 →(: 3) 72 →(: 3) 24 →(: 3) 8

Mittwoch erledigt ☐ kontrolliert ☐

Setze das Muster fort und male dein Bild farbig aus.

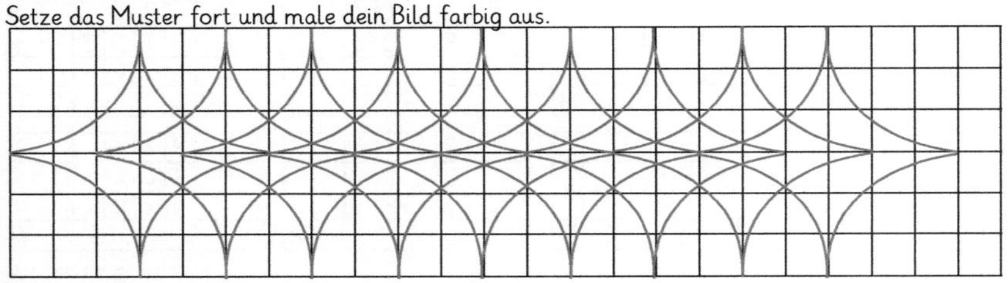

Donnerstag erledigt ☐ kontrolliert ☐

Markiere die Zahlen mit einem Pfeil und dem entsprechenden Buchstaben.

A) 770 B) 850 C) 720 D) 940 E) 880 F) 1040 G) 660

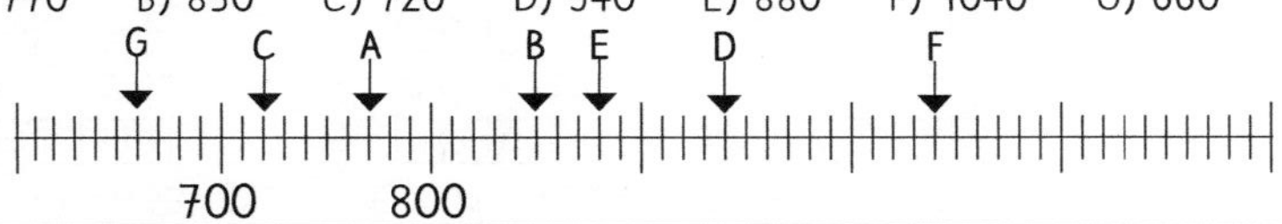

Freitag erledigt ☐ kontrolliert ☐

Lies die Zahlen ab und schreibe sie auf.

A = 748, B = 755, C = 764, D = 771, E = 777, F = 781, G = 785, H = 790

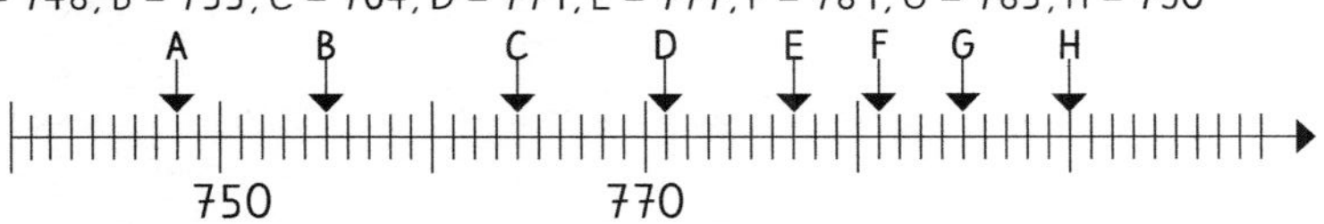